Stefanie Hiller

Verbesserung der Diagnosefähigkeit bei Rechenschwäche durch Erprobung des informellen Diagnoseverfahrens DÜMA am Beispiel einer Fördergruppe

GRIN Verlag

Bibliografische Information der Deutschen Nationalbibliothek:

Die Deutsche Bibliothek verzeichnet diese Publikation in der Deutschen Nationalbibliografie; detaillierte bibliografische Daten sind im Internet über http://dnb.d-nb.de/ abrufbar.

Impressum:

Druck und Bindung: Books on Demand GmbH, Norderstedt Germany
ISBN: 978-3-640-77207-0

Dieses Buch bei GRIN:

http://www.grin.com/de/e-book/161661/verbesserung-der-diagnosefaehigkeit-bei-rechenschwaeche-durch-erprobung

Studienseminar für Lehrämter an Schulen Hamm
- Seminar für das Lehramt GHR(G)-

Thema:
Verbesserung der Diagnosefähigkeit bei Rechenschwäche durch Erprobung des informellen Diagnoseverfahrens DÜMA am Beispiel einer Fördergruppe

Wissenschaftliche Hausarbeit
im Rahmen der ZWEITEN STAATSPRÜFUNG
für das Lehramt an Grund-, Haupt- und Realschulen
mit dem Schwerpunkt Primarstufe

vorgelegt von
Stefanie Hiller

Dortmund, 27. Mai 2009

Inhaltsverzeichnis

1. VORWORT

„Wichtig ist, dass kein Kind hinter sich selbst zurückbleibt und am Ende ein jedes so viel geschafft hat, wie man bei optimaler Förderung durch die Schule von ihm erwarten durfte. Diese Feststellung setzt jedoch eine kontinuierliche differenzierte Lern- und Leistungsdiagnostik und ehrliche Lernerfolgsrückmeldungen voraus."[1]

Eine differenzierte diagnostische Kompetenz wird besonders im Zuge von PISA vermehrt gefordert. Grundschullehrerinnen und -lehrer müssen ihre eigene Diagnosefähigkeit stärken, um die Kinder individuell fördern zu können. Die Umsetzung und Sensibilisierung einer solchen Diagnostik ist eine anspruchsvolle Aufgabe. Lehrerinnen und Lehrer sowie Lehramtsanwärterinnen und -anwärter müssen solche Kompetenzen in ihrer Ausbildung oder in der beruflichen Praxis erwerben können.[2]
Im Rahmen der vorliegenden Arbeit soll es somit um die Schärfung der persönlichen Diagnosefähigkeit bei Rechenschwäche gehen.
Während die Lese– Rechtschreib – Schwäche (LRS) schon lange als Problemfeld bekannt ist, sind die Schwierigkeiten und Probleme beim Erlernen des Rechnens erst seit den 80er Jahren ins Blickfeld von Wissenschaftlern und Schulpraktikern gerückt. In den letzten Jahren sind dann eine Vielzahl von formellen und informellen Testverfahren für die Primarstufe geschaffen worden. Doch welches davon ist praktikabel einsetzbar?
Es bleibt nach wie vor dem einzelnen Lehrer/der einzelnen Lehrerin überlassen, wie er/sie Fehlerschwerpunkte identifiziert und anschließend in eine effektive Förderung überführt. Ich möchte meinen Kolleginnen und Kollegen die Möglichkeit geben, ein informelles Diagnoseverfahren in den Unterricht einzubinden und sich damit auf den einzelnen Schüler/die einzelne Schülerin und seinen/ihren individuellen Schwierigkeiten einzulassen. Um Rechenschwäche frühzeitig zu erfassen, bedarf es einer Stärkung der diagnostischen Kompetenz. Die Erstdiagnose ist Aufgabe der Lehrer und Lehrerinnen![3]
Ich hoffe, dass meine Erprobung des *informellen Diagnoseverfahrens DÜMA* hilft, einen diagnostischen Prozess zu organisieren.

[1] Vgl.: Graf, Moser Opitz (Hrsg.) 2007, S. 5, z. n. Grundschulverband 2003, S. 6.
[2] Vgl.: Ebd., S. 7, z. n. von der Groeben 2003, Inckemann 2004.
[3] Vgl.: Lorenz 2005, S. 98, 99.

2. EINLEITUNG

Seit mehr als einem Jahr bin ich Lehramtsanwärterin an der XXX- Schule (Grundschule) und betreue eine kleine Fördergruppe im Fach Mathematik der 2. Schulstufe. Ich musste feststellen, dass es Schülerinnen und Schüler gibt, die bereits eine Abneigung gegen dieses Fach entwickelt haben und bei denen ich machtlos erscheine, ihnen die Mathematik näher zu bringen. Nach Ursachen suchend begegnete mir der Begriff „Rechenschwäche". Was aber versteht man genau unter Rechenschwäche und wie kann ich als Lehrer und Lehrerin diese diagnostizieren, damit die betroffenen Kinder individuell gefördert werden können? Man geht davon aus, dass bereits 6 % der Schülerinnen und Schüler eine extreme Rechenschwäche in der Grundschule haben und etwa 15 % eine förderungsbedürftige Rechenstörung aufweisen.[4]

Ein großes Problem bestand für mich darin, dass an meiner Ausbildungsschule allen Schülerinnen und Schülern verschiedene Förderstunden ermöglicht wurden, allerdings ohne vorherige Möglichkeit die Lernausgangslage der Kinder zu bestimmen. Doch nur wenn man weiß, wo das Kind in seinem Lernen steht, kann man es auch individuell fördern! Jeder Lehrer/ jede Lehrerin bringt bereits eine gewisse Beobachtungskompetenz mit in den Unterricht. Viele Vermutungen über die Lernausgangslage eines Schülers/einer Schülerin werden schon während des Lehr- und Lernprozesses gebildet, aber auf den Einsatz eines gezielten diagnostischen Verfahrens kann, meiner Meinung nach, nicht verzichtet werden. Eine weitere Situation, die mein Handeln erforderte, steht auch im Zusammenhang mit dem Schulprogramm. Förderbausteine und damit auch die Diagnostik einer Lernausgangslage sind im Schulprogramm nicht vorhanden und müssen ergänzt werden.

Die Situation an meiner Ausbildungsschule hat mich also dazu bewogen, sich kritisch mit einem standardisierten Diagnoseverfahren auseinanderzusetzen, um einen Beitrag für das Schulprogramm zu leisten und dadurch die eigene Diagnosefähigkeit zu schärfen. Ein möglichst frühes Fördern setzt Wissen über Ursache und geeignete Diagnose von Rechenstörung voraus.[5]

Zunächst möchte ich daher auf den Begriff Rechenschwäche, ihre Erscheinungsformen und Ursachen eingehen. Nachdem ich dargestellt habe, woran und mit welchen Verfahren sie diagnostiziert werden kann, beschreibe ich die Lernausgangslage der Kinder meiner Fördergruppe ohne ein standardisiertes Testverfahren. Anschließend erläutere ich den Aufbau und die Durchführung des von mir übernommenen *informellen Diagnoseverfahrens DÜMA*. In der Erprobung setzte ich mich kritisch mit diesem auseinander und leite aus meiner Bewertung etwaige Konsequenzen ab. Um in der beiläufigen Beobachtungskompetenz selbst sensibler zu werden, evaluiere ich im Anschluss daran meine eigene Diagnosefähigkeit. Zum Schluss gebe ich einen kurzen Ausblick über weitere Maßnahmen, die in einen Förderplan münden.

---

[4] Vgl.: Lorenz, Radatz 1993, S. 15.

[5] Vgl.: Kaufmann, Wessolowski 2006, S. 6.

3. THEORETISCHER HINTERGRUND

3.1 Begriffsklärung von „Rechenschwäche“

Die Frage nach der Definition von Rechenschwäche lässt sich bis heute nicht eindeutig beantworten. Ähnlich wie im LRS-Bereich finden sich vielfältige Versuche einer Begriffsklärung. Eine Fülle von Unterformen der Rechenschwäche machen deutlich, dass es gefährlich ist, mit unscharfen Begriffen zu operieren und einige Kinder mit dem Etikett einer Rechenschwäche oder einer „Dyskalkulie“ zu versehen, andere hingegen nicht.[6]

Schipper sagt dazu: *„Der Begriff „Dyskalkulie“ sollte nur dann verwendet werden, wenn eine Rechenstörung vorliegt und zugleich festgestellt worden ist, dass das betroffene Kind im Sinne des § 35a SGB VIII seelisch behindert bzw. von einer solchen Behinderung bedroht ist.“*[7]

Lorenz & Radatz[8] haben in einer unvollständigen Liste über 40 Begriffe zusammengetragen, die teilweise gleichbedeutend verwendet werden, teilweise jedoch auch nach Schweregrad und Ursache oder Erscheinungsbild unterscheiden sollen.

Dabei ist es unumstritten, dass es eine Rechenschwäche als isolierte schulische Minderleistung gibt. Was darunter zu verstehen ist, beziehungsweise was dieses Erscheinungsbild bewirkt, wird kontrovers diskutiert.[9]

Trotz keiner allgemeinen akzeptierten Definition kann man zwischen einer wissenschaftlichen und einer pädagogischen Zugangsweise unterscheiden.[10]

<u>Wissenschaftliche Zugangsweise:</u>

Lorenz & Radatz versuchen, die Rechenschwäche anhand eines Diskrepanzmodells zu erklären. Hierbei sollen die Rechenstörungen als isolierte Erscheinung betrachtet werden, um sie von allgemeinen Lernstörungen abzugrenzen, welche sich auch auf anderen Gebieten oder in anderen Schulfächern zeigen können. Demnach ließe sich eine Rechenschwäche dann annehmen, *„wenn eine arithmetische Minderleistung vorliegt bei mindestens durchschnittlicher Intelligenz oder als relative Minderleistung auf jeder Intelligenzstufe.“*[11] Bei dieser Definition ist die Frage nach der Höhe der Abweichung zu stellen, die den Schüler/die Schülerin als rechenschwach einstuft. Auch Lorenz & Radatz sehen hier ein grundlegendes Problem: *„Wie weit müssen die Leistungen zwischen den beiden Bereichen auseinander klaffen, damit ein Schüler als rechenschwach klassifiziert werden darf/soll?“*[12]

Auch die Weltgesundheitsorganisation (WHO) tendiert dazu, Rechenschwäche als Teilleistungsstörung in Abhängigkeit von der Diskrepanz zur Intelligenz zu definieren.

---

[6] Vgl.: Lorenz 2005, S. 13.
[7] Vgl.: z. n. Schipper 2005, S. 23.
[8] Vgl.: Lorenz & Radatz 1993, S. 17.
[9] Vgl.: Ebd. S. 16.
[10] Vgl.: Born, Oehler 2008, S. 4.
[11] Vgl.: Lorenz & Radatz 1993, S. 16.
[12] Vgl.: Ebd. S. 16.

Rechenstörungen werden den „umschriebenen Entwicklungsstörungen schulischer Fertigkeiten" zugeordnet[13] und folgendermaßen definiert: *„Diese Störung besteht in einer umschriebenen Beeinträchtigung von Rechenfertigkeiten, die nicht allein durch die allgemeine Intelligenzminderung oder eine unangemessene Beschulung erklärbar ist. Das Defizit betrifft vor allem die Beherrschung grundlegender Rechenfertigkeiten wie Addition, Subtraktion, Multiplikation und Division, (...).“*[14]
Es wird schnell deutlich, dass die wissenschaftliche Zugangsweise nicht sehr hilfreich ist für die praktische Arbeit mit den betroffenen Kindern, insbesondere für die Diagnose und Förderung.

Pädagogische Zugangsweise:
Der pädagogisch orientierte Erklärungssatz fordert einen Verzicht auf die eindeutige Begriffsklärung der Dyskalkulie.[15] Das erste Ziel muss es schließlich sein, den Kindern in ihrer Heterogenität der entsprechenden Lernschwäche gerecht zu werden und den pädagogischen Förderbedarf in den Vordergrund zu stellen. Aus diesem Grund erscheint es für den schulpraktischen Zweck sinnvoll, Rechenschwierigkeiten differenziert zu analysieren.[16]
Dennoch lässt diese Zurückstellung einer Definition, in Bezug auf die Diagnose und Förderung, die Frage unbeantwortet, ob bei einem Kind Rechenschwächen vorliegen könnten. Peter Jansen betont, dass auch Kinder ein Anrecht darauf haben, dass ihnen das Ziel einer Förderung transparent gemacht wird. *„Das Problem der ungeklärten Definition führt schließlich dazu, dass Kinder zwar als rechenschwach bezeichnet werden, dass aber unklar bleibt, aufgrund welcher Kriterien die Rechenschwäche als überwunden gelten kann.“*[17]
Nach Jansen muss eine Definition es leisten, die Kinder zu identifizieren, ohne sie zu stigmatisieren.[18] Als Grundlage eines Ansatzes der Prävention orientiert sich Jansen an einer kompetenzorientierten Definition. Kinder, die *„besondere Schwierigkeiten beim Aufbau mathematischer Verständnisgrundlagen“*[19] haben, gelten als rechenschwach. Wenige tragfähige Grundlagen für das weitere Lernen werden in Jansens Definition als „besondere Schwierigkeiten" betrachtet.
Es ist sehr schwierig, eine zufriedenstellende Definition für den Begriff der Rechenschwäche zu finden. Dennoch möchte ich mich in meiner Arbeit auf die Begriffsklärung von Peter Jansen beziehen. Die Diagnose- und Übungseinheit Mathematik (DÜMA), von Jansen entwickelt, dient der schnellen Erfassung von mathematischen Verständnisgrundlagen und damit auch der Erfassung dieser besonderen Schwierigkeiten.

---

[13] Vgl.: Born, Oehler 2008, S. 4.
[14] Vgl.: Moser Opitz 2007, S. 16.
[15] Vgl.: Born, Oehler 2008, S. 4.
[16] Vgl.: Ebd. S. 4.
[17] Vgl.: zit. n. Jansen 2005, S. 22.
[18] Vgl.: Ebd. S. 23.
[19] Vgl.: Ebd. S. 24.

3.2 Zu den Erscheinungsformen im 1. und 2. Schuljahr

Im Internet und in der Literatur finden sich verschiedenste Listen mit Erscheinungsformen des Phänomens der Rechenschwäche. Da die Gründe ganz verschieden sind, gibt es so viele verschiedene Rechenschwächen wie es rechenschwache Kinder gibt.[20] Demnach wird auch kein rechenschwaches Kind alle Symptome zeigen, die ich in diesem Punkt erläutern werde. Beim Umgang mit den Erscheinungsformen muss unbedingt berücksichtigt werden, dass einzelne Phänomene auch bei Kindern auftreten können, die keine Rechenschwäche aufweisen.[21]
Je eher aber erkannt wird, dass das Kind die für das Rechenlernen benötigten Fähigkeiten noch nicht erlernt hat, umso günstiger ist die Prognose einer möglichen Rechenschwäche.[22] Die Früherkennung einer Rechenschwäche ist schließlich eine der Hauptaufgaben des mathematischen Anfangsunterrichts!“[23]
Nach Jansens kompetenzorientierter Definition kann aber überhaupt erst von einer Rechenschwäche gesprochen werden, wenn Kinder die tragfähigen mathematischen Verständnisgrundlagen der ersten beiden Grundschulklassen noch nicht erworben haben.[24] Auch Lorenz & Radatz sind der Meinung, dass in den folgenden Klassen (Klasse 3 und 4) keine Störungen auftreten, die sich nicht schon vorher hätten erkennen lassen.[25]
Aus diesem Grund beziehe ich mich in der Beschreibung der Symptomatik ausschließlich auf die Schulstufe 1 und 2. Um auf die verschiedenen Erscheinungsformen näher eingehen zu können, unterteile ich die Symptomatologie in die Primär- und Sekundärsymptomatik.

Primäre Erscheinungsformen:
Alle rechenschwache Kinder haben etwas gemeinsam: Sie haben Schwierigkeiten im Umgang mit Rechenoperationen und Zahlen und damit auch eine geringe Vorstellungskraft im mathematischen Bereich.[26] Rechenschwache Kinder verwenden häufig ihre eigenen Strategien, die jedoch nicht der Norm entsprechen. Ich möchte daher zum besseren Verständnis einige Fehlstrategien und Rechenprobleme[27] aufzählen, welche nicht als vollständige Liste zu verstehen ist:
Schwierigkeiten im Umgang mit der Zahl (Zahlen beziehungsweise Zehner und Einer werden verdreht: zum Beispiel aus „32“ wird „23“ – die Schreibung richtet sich nach der Sprechweise, einzelne Ziffern werden seitenverkehrt geschrieben: zum Beispiel aus „3“ wird ein Schreibschrift-E), beim Vorwärts- und Rückwärtszählen entstehen Fehler, einseitiges Zahlverständnis (Zahlen als Ordinalzahlen: Zahl nicht als Mengensymbol

[20] Vgl.: Schwarz 2001, S. 33.
[21] Vgl.: Ganser 2007, S. 15.
[22] Vgl.: Lorenz 2005, S. 50.
[23] Vgl.: Ebd. S. 50.
[24] Vgl.: Jansen 2005, S. 24.
[25] Vgl.: Lorenz & Radatz 1993, S. 47.
[26] Vgl.: Schwarz 2001, S. 40.
[27] Vgl.: Weitestgehend entnommen aus Schwarz 2001, S. 40-47.

bekannt – Zahlen im Zahlbereich bis 5 können nicht simultan erfasst werden, Zahlzerlegungen im ZR bis 10 können nicht gegliedert abgerufen werden, Vorgänger und Nachfolger von zweistelligen Zahlen sind nicht bestimmbar), zählendes Rechnen als einzige Lösungsstrategie bis weit in die 2. Klasse (zahlreiche Zählfehler treten bei dieser Strategie auf), mangelndes Verständnis des Stellenwertes (Bestimmung von Nachbarzahlen fällt schwer, mit den Ziffern verschiedener Stellenwerte wird rein willkürlich gerechnet: zum Beispiel 13 + 34 = 56 → Verzweiflungsstrategie), fehlendes Verständnis für Beziehungen zwischen Aufgaben (Analogie-, Platzhalter-, Tausch- und Umkehraufgaben können nicht vollzogen werden), fehlendes Operationsverständnis (mathematische Handlung ist nur noch konkret mit Material möglich – verdeckte Operationen schlecht vorstellbar), Vertauschung der Rechenzeichen (Rechenschwache Kinder ziehen Rechenoperationen vor, die sie gut können.)[28], Übertrag-Fehler (Zum Beispiel wird vergessen, den Zehner zu ergänzen: 48 + 8 = 46.)[29] und bei Textaufgaben werden ohne inhaltlichen Bezug alle Zahlenangaben zu Rechnungen kombiniert.[30]

Darüber hinaus sind rechenschwache Kinder nicht in der Lage, flexibel zwischen den Ebenen zu wechseln, das heißt von einer Darstellungsebene in die andere zu übertragen (enaktiv – handelnd; ikonisch – auf der bildlichen Ebene; symbolisch – mit Sprache und Symbolen). Schipper[31] bezeichnet dieses Phänomen als *„Intermodalitätsproblem“*. Die Materialhandlung kann dem Kind nicht dabei helfen, aus den Handlungen eine Kopfrechenstrategie zu entwickeln. Die Entwicklung mentaler Vorstellungsbilder aus Handlungen am Material bereitet diesen Schülerinnen und Schülern dann große Schwierigkeiten.[32]

Ein weiteres Hauptsymptom der Rechenschwäche ist die Links- Rechts- Problematik. Nach Schipper[33] ist diese Unsicherheit oft verbunden mit falscher Ziffernschreibweise und Zahlendrehern.

Aber auch Entwicklungsrückstände in den „basalen Teilleistungen“ werden in der Literatur aufgeführt und können die Entstehung einer Rechenstörung begünstigen. Am häufigsten werden angeführt[34]:

- Störungen im taktil- kinästhetischen Bereich,
- Störungen der auditiven Wahrnehmung,
- mangelhaftes räumliches und/oder zeitliches Vorstellungsvermögen
- visuelle Wahrnehmungsstörungen etc.

Um den Anforderungen im Mathematikunterricht jedoch gerecht zu werden, entwickeln Kinder Ausweichstrategien bzw. *Kompensationsstrategien*.[35]

---

[28] Vgl.: Ramacher- Faasen 1999, S. 57.
[29] Vgl.: Ebd. S. 58.
[30] Vgl.: Ganser 2007, S. 16.
[31] Vgl.: Schipper 2005, S. 49.
[32] Vgl.: Schipper 2006, S. 69.
[33] Vgl.: Biermann, Schipper 2003, S. 43.
[34] Vgl.: dazu etwa: Lorenz & Radatz 1993, S. 22.
[35] Vgl.: Schwarz 2001, S. 45- 46.

Dazu gehört das zählende Rechnen, die Veränderung der Schreibweise der Rechenaufgaben (heimlich untereinander) oder ganze Operationsketten werden auswendig gelernt. Die Schülerinnen und Schüler entdecken individuelle Regeln beziehungsweise „Tricks“, welche ihnen bei der Lösung einer Aufgabe helfen. Diese Eigenkonstruktionen von Rechenstrategien haben sich für das Kind bewährt und werden deshalb aufrecht erhalten und immer angewendet.[36]
Die aufgelisteten Fehlstrategien zeigen, dass auch rechenschwache Kinder jede Menge Kompetenzen haben, denn Eigenkonstruktionen und „Tricks“ sind ein Zeichen dafür, dass sich die Schülerinnen und Schüler mit mathematischen Rechenwegen auseinandersetzen.

Sekundäre Erscheinungsformen:
Sekundäre Erscheinungsformen sind Begleiterscheinungen der Rechenschwäche, die erst nach einer gewissen Zeit auftreten.[37] Dabei handelt es sich nicht um typische Symptome der Rechenschwäche, sondern um Auffälligkeiten, die das Lern- und Leistungsverhalten insgesamt beeinträchtigen. Im „Gesamtsystem“ der Rechenschwäche lassen Schwierigkeiten im emotionalen und psychischen Bereich nicht lange auf sich warten.[38]
Nach Schwarz[39] können dies sein: psychosomatische Beschwerden (zum Beispiel Kopfschmerzen, Bauchschmerzen), Aggressivität und Clownerien, Konzentrationsstörungen, Gedächtnisprobleme, stundenlanges Arbeiten an den Hausaufgaben, ein geringes Selbstwertgefühl, Schulunlust, Schulangst und eine extrem langsame Arbeitsweise. Diese Misserfolge können auch einen Leistungsabfall in anderen Fächern nach sich ziehen.[40] Bei nicht wenigen Kindern stellt sich sogar ein „Hass auf Zahlen“ ein, den ich in meinem Förderkurs bereits beobachten konnte. Leichte Ermüdbarkeit, häufiges Wiederholen und Erfragen von Aufträgen, starke Ablenkbarkeit, Nervosität und Vermeidungsverhalten sind nach Ramacher- Faasen[41] weitere mögliche Symptome.
Diese Zusammenstellung kann und soll keinesfalls sämtliche mögliche Auffälligkeiten von Rechenschwäche erfassen. Sie sind allenfalls geeignet, um eine gewisse Sensibilisierung für dieses Problem zu schaffen.

3.3 Zu den Ursachen von „Rechenschwäche“

Nach dem heutigen Stand der Forschung gibt es keine eindeutigen Ursachen für Rechenschwäche. Lernschwierigkeiten, ganz egal in welchem Bereich, sind nicht nur auf eine Ursache zurückzuführen. Aus Forschungsergebnissen ging lediglich hervor, dass gewisse „Risikofaktoren“ existieren, die im Kind selbst, im schulischen, familiären und

[36] Vgl.: Gaidoschik 2006, S. 22.
[37] Vgl.: Ramacher- Faasen 1999, S. 65.
[38] Vgl.: Gaidoschik 2006, S. 48.
[39] Vgl.: Schwarz 2001, S. 48.
[40] Vgl.: Gaidoschik 2006,S.48.
[41] Vgl.: Ramacher- Faasen 1999, S. 65.

sozialen Umfeld zu finden sind (Abb.1).[42] Dabei ist es von grundlegender Bedeutung, dass die Ursachen nicht isoliert betrachtet werden, sondern sie stehen in Wechselwirkung zueinander. [43] Die in diesem Punkt von mir genannten „Risikofaktoren" können das Entstehen einer Rechenschwäche begünstigen, müssen aber nicht zwangsläufig dazu führen.

Abb. 1: Ursachenfelder für Rechenstörungen

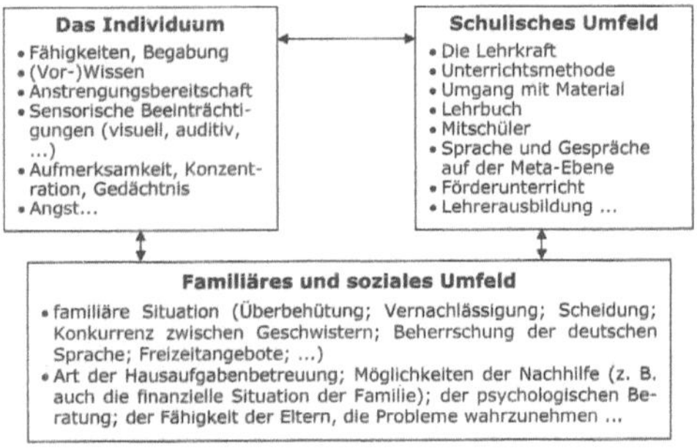

3.3.1 <u>Schülerbezogene Ursachen</u>

Zu den Verursachungsbereichen, die auf das Individuum zurückzuführen sind gehören kongenitale, psychische und neuropsychologische Ursachen.

Bei den kongenitalen Ursachen wird von einer angeborenen Rechenschwäche ausgegangen, die auf eine genetische Veranlagung zurückzuführen ist. Leider erfreut sich diese „Vererbungstheorie" großer Beliebtheit. Doch nach dem aktuellen Stand der Forschung gibt es keine eindeutigen hirnorganischen Ursachen für Rechenstörungen, da es auch kein eindeutig lokalisierbares „Rechenzentrum" im Gehirn gibt.[44]

Gaidoschik[45] betont ausdrücklich: *„Da keine eindeutige organische Ursache für Rechenstörungen nachgewiesen werden konnte, ist auch auszuschließen, dass Rechenstörungen als solche „erblich" sind."*

Neuropsychologische Ursachen sind Teilleistungsstörungen. So können visuelle und auditive Wahrnehmungsstörungen, Störungen im taktil- kinästhetischen Bereich sowie Intermodalität (mangelnde Vorstellungsfähigkeit) eine Rechenschwäche auslösen.[46] Beeinträchtigungen im basalen Bereich stellen einen großen Risikofaktor dar, weil Mathematiklernen eine Fülle von Einzelleistungen des Wahrnehmens und Denkens benötigt, und oft über den visuellen Lernkanal stattfindet.[47]

Zu den psychischen Komponenten zählen kognitive Stützfunktionen, wie Konzentration und Gedächtnis[48] als auch nicht-kognitive Faktoren wie zum Beispiel Motivation, Selbstvertrauen und Aufmerksamkeit.[49]

---

[42] Vgl.: Abb. 1 (Biermann, Schipper 2003, S. 30).
[43] Vgl.: Kaufmann, Wessolowski 2006, S. 9.
[44] Vgl.: Gaidoschik 2006, S. 18.
[45] Vgl.: Ebd. S. 19.
[46] Vgl.: Kaufmann, Wessolowski 2006, S. 10.
[47] Vgl.: Schipper 2005, S. 24.
[48] Vgl.: Kaufmann, Wessolowski 2006, S.11.
[49] Vgl.: Gaidoschik 2006, S. 20.

In welchem Ausmaß solche emotionalen Komponenten zu einem bestimmenden Faktor von Rechenschwäche werden, hängt sicherlich von einer Reihe von Umständen ab. Entscheidend aber ist die Gesamtpersönlichkeit des Kindes: Jedes Kind reagiert anders auf schulisches Scheitern, so dass bereits vorhandene Lernschwierigkeiten durch entsprechend nicht- kognitive Faktoren verstärkt werden können.[50]

3.3.2 Schulische Ursachen

Eine Rechenschwäche kann auch durch unangemessene Beschulung begünstigt werden. In diesem Ursachenfeld werden neben den subjektiven Lernvoraussetzungen auch der Mathematikunterricht in die Überlegungen zur Thematik einer Rechenschwäche mit einbezogen. Dazu zählen mangelhafte Berücksichtigungen der informellen Vorkenntnisse der Kinder, schlechte Schulbücher, einseitige Unterrichtsmethoden, ein zu klein- und kleinstschrittiges Vorgehen, mangelndes Fachwissen der Lehrperson, zu viel Gewicht auf Rechenfähigkeiten, um nur einige zu nennen.[51] Moser Opitz setzt an die Stelle des Begriffs „mathematische Lernstörung“ den Begriff der „mathematischen Lehrstörung“.[52] Nach Jansen wird es aber selbst bei optimaler Verbesserung der Unterrichtsqualität nicht gelingen, allen Kindern in angemessener Zeit tragfähige Verständnisgrundlagen zu vermitteln. Daher behält die Kategorie „Rechenschwäche“ ihre Berechtigung und weist nach Jansen auf momentane oder bevorstehende Alltagsprobleme des Kindes hin.[53] All das kann einen wesentlichen Beitrag zum Entstehen einer Rechenschwäche leisten, aber es handelt sich auch hier nicht um eindeutige Faktoren.

3.3.3 Familiäres und soziales Umfeld

Risikofaktoren in diesem Sinne sind zu hohe Leistungserwartungen, fehlende Anregungen und Hilfen von Seiten der Eltern[54], die systematische Erziehung zur Unselbstständigkeit durch überbehütende Eltern oder soziale Vernachlässigung der Kinder.[55] Die Auswertungen der PISA–Studie ergaben einen engen Zusammenhang zwischen Schichtzugehörigkeit und bereits erworbenen Kompetenzen. Auch werden zu den sozialen Ursachen der Rechenschwäche soziale Zuschreibungsprozesse gezählt. Wer eine Lernstörung hat, wird oft mit dem Etikett „dumm“ bloß gestellt und aus diesem Grund verzichten viele Kinder im Klassenunterricht auf die Verwendung von Anschauungsmaterial. Vereinzelt versuchen verzweifelte Eltern, ihre Kinder zu unterstützen, indem sie ihnen schematische „Tricks“ vermitteln, die dem Lern- und Verstehensprozess aber schaden.[56] Aus diesem Grund sollte man Eltern raten, sich vorerst aus der Förderung herauszuhalten und ihre Kinder in Alltagssituationen (Backzutaten abwiegen, kochen, einkaufen etc.) mit einzubeziehen.

---

[50] Vgl.: Gaidoschik 2006, S. 20.
[51] Vgl.: Moser Opitz 2007, S. 32-42.
[52] Vgl.: Ebd. S. 33.
[53] Vgl.: Jansen 2005, S. 52.
[54] Vgl.: Kaufmann, Wessolowski 2006, S. 11.
[55] Vgl.: Schipper 2005, S. 25.
[56] Vgl.: Jansen 2005, S. 49-50.

3.4 Standortbestimmungen

Die Analyse des Lernstands und der Lernentwicklung der Schülerinnen und Schüler ist eine gemeinsame Verpflichtung des Kollegiums einer Schule und nicht nur Aufgabe der einzelnen Lehrkraft. Diese Aussage ist nach den Richtlinien in NRW eine zentrale Aufgabe der Lehrerinnen und Lehrer, denn aufgrund einer Diagnose werden Entscheidungen getroffen, welche entscheidend sind hinsichtlich der Förderung jeder Schülerin und jedes Schülers.[57]

Hierzu gehe ich in diesem Punkt auf die so genannten Standortbestimmungen ein. Diese sind keine Tests, die wesentlich erfolgen, um Beurteilungsgrundlagen für eine Notengebung zu erhalten, sondern sie „dienen der *fokussierten Ermittlung individueller Lernstände* und finden an zentralen Punkten im Lehr-/Lernprozess statt [...].“[58] Außerdem erhalten die Kinder dadurch in zunehmendem Maße Transparenz über ihr eigenes Lernen (Was kann ich schon? Was muss ich noch können?).

Um individuelle Lernstände und Schwierigkeiten zu diagnostizieren, müssen die gewählten Instrumentarien notwendige Kriterien erfüllen. Eine kompetenzorientierte Sichtweise ist beim Analysieren der Defizite erforderlich. Scherer[59] betont, dass ein Ausblenden des Vorwissens der Kinder schädlich ist im Hinblick auf weitere Lern- und Förderprozesse. Ein weiteres Kriterium ist die prozessorientierte Diagnostik. Hierbei wird der Lern- und Lösungsprozess durch ein Interview oder eine Beobachtung beleuchtet. Produktorientierte Standortbestimmungen sind behaftet mit einer größeren Vagheit, da Vorgehensweisen und Lösungsstrategien nur vermutet werden können.[60] Ein hoher Anteil an Fehlern, weist nur auf mögliche Schwierigkeiten hin, kann sie aber inhaltlich nicht beschreiben. Deshalb müssen Lernstrategien qualitativ erfasst werden.[61]

Vorkenntnisse der Kinder können durch mündliche oder schriftliche Standortbestimmungen erhoben werden. Bei den mündlichen Standortbestimmungen werden die Schülerinnen und Schüler bei der Bearbeitung der Aufgaben beobachtet und explizit nach Lösungswegen befragt. Diese Form der Standortbestimmung ist zwar aufwändiger, aber gemeinsam mit dem Kind kann eine Aufklärung der fehlerhaften Rechenstrategie erfolgen.[62]

Dagegen ist bei schriftlichen Tests, die häufig unter standardisierten Bedingungen ablaufen, ein Informationsverlust zu verzeichnen. Bei einer Fehleranalyse können zugrunde liegende Fehlertypen lediglich vermutet werden.[63] Der Vorteil einer schriftlichen Standortbestimmung liegt aber darin, dass mit vergleichsweise geringem Aufwand eine hohe Zahl von Kindern getestet werden kann. Zudem liegen die

---

[57] Vgl.: Richtlinien für die Grundschule in NRW 2008, S. 17.
[58] Vgl.: Sundermann, Selter 2006, S. 21.
[59] Vgl.: In: Baum, Wielpütz (Hrsg.) 2003, S. 94.
[60] Vgl.: Baum, Wielpütz (Hrsg.) 2003, S. 95.
[61] Vgl. Kaufmann, Wessolowski 2006, S. 17.
[62] Vgl.: Sundermann, Selter 2006, S. 21-22.
[63] Vgl.: Scherer 2000, S. 24.

Ergebnisse dauerhaft vor und können nachträglich ausgewertet werden.[64] Die Kombination von schriftlichen und mündlichen Standortbestimmungen wird in der Literatur[65] vorgeschlagen.
Grundsätzlich gibt es drei Verfahren mit denen die Rechenwege der Kinder präzise erfasst werden können: gezielte Beobachtung, Fehleranalyse und Denkanalyse. Die Fehleranalyse generiert Hypothesen, die in der Denkanalyse, das heißt im Gespräch mit den Kindern überprüft werden.[66] Ferner gibt es gegenwärtig drei prinzipiell unterschiedliche Typen von Diagnoseverfahren. Mit Hilfe von so genannten *Etikettierungstests* soll diagnostiziert werden, ob bei einem Kind eine „Dyskalkulie" vorliegt oder nicht. Diese standardisierten Testverfahren, die den „Stempel Dyskalkulie" vergeben, steht Schipper sehr kritisch gegenüber. Aus formellen Tests lassen sich keine Förderpläne für betroffene Kinder ableiten und es ist auch nicht Aufgabe der Schule, Kinder mit Schwierigkeiten im Rechnen auszusondern.[67] Ein Beispiel für diese Art von Tests ist der ZAREKI-R (Neuropsychologische Testbatterie für Zahlenverarbeitung und Rechnen bei Kindern). Der Anwendungsbereich umfasst die Klassen 1-4 und beinhaltet zwölf Subtests (zum Beispiel Abzählen, Zahlen lesen, Zahlen schreiben, Kopfrechnen, Zahlen vergleichen etc.).[68]
Dagegen ist das *Auffinden von Risikokindern* ein Diagnoseverfahren, das keinen Stempel „Dyskalkulie" vergibt. Es kann helfen, frühzeitig auf Risikokinder aufmerksam zu werden. Der OTZ- Osnabrücker Test zur Zahlbegriffsentwicklung ist ein Repräsentant dieses Typs. Das formelle Testverfahren ist produktorientiert. Die Ergebnisse der Kinder werden, unter Berücksichtigung des Alters, fünf verschiedenen Niveaus (A-E) zugeordnet. Im Sinne dieser Kategorisierung gelten D- und E- Kinder als Risikokinder. Gewinnbringend ist der Test vor allem zu Schulbeginn, da er den Lehrerinnen und Lehrern wichtige Informationen über die fremden Kinder liefern kann.[69]
Um individuelle Förderung gezielt planen zu können, muss möglichst genau aufgeschlüsselt werden, wie Rechenfehler, aber eben auch richtige Ergebnisse zustande kommen. Meiner Beurteilung nach kann dies ein standardisierter Fragebogen-Test nicht leisten. Ein Diagnoseverfahren mit dieser Zielrichtung kann demnach nur *informell* sein, das heißt ein an den Inhalten einer Rechenstörung ausgerichtetes Gespräch mit dem Kind. Informelle Verfahren stellen damit das klassische, pädagogisch günstigste Diagnoseinstrument dar, denn sie können in einer für das Kind entspannten und gewohnten Situation und Umgebung durchgeführt werden.
Dieser Begriff ist nirgends genau definiert. Unter diesem Schutz kann sich die Lehrerin/der Lehrer bei der diagnostischen Arbeit auch auf die eigenen Beobachtungen stützen und beiläufige Informationen aufnehmen und verwerten.[70]

---

[64] Vgl.: Sundermann, Selter 2006, S. 24.
[65] Vgl.: Scherer 2000, S. 24; Sundermann, Selter 2006, S. 22.
[66] Vgl.: Schipper 2005, S. 13-15.
[67] Vgl.: Ebd. S. 27-28.
[68] Vgl.: Born, Oehler 2008, S. 7.
[69] Vgl.: Schipper 2005, S. 28.
[70] Vgl.: Wendeler 2000, S. 53.

Schipper[71] bezeichnet diesen dritten Typ von Diagnoseverfahren als *prozessorientierte Diagnostik*. In diesem Verfahren werden den Schülerinnen und Schülern Aufgaben gestellt, die auf die Hauptsymptome einer Rechenschwäche bezogen sind. Die Standortbestimmung erfolgt durch eine Beobachtung des Lösungsprozesses. Die qualitative Fehleranalyse, Denkanalyse und gezielte Beobachtung (zum Beispiel bei der Materialhandlung) bilden die Grundlage einer informellen Standortbestimmung. Schipper[72] fordert, dass dieses Verfahren in der Schule praktiziert werden soll, denn es ist wichtig, dass zuerst Lehrerinnen und Lehrer die Mathematik der Kinder verstehen, damit ihre Hilfestellungen von den Kindern verstanden werden.
Die Erprobung des informellen Diagnoseverfahrens DÜMA verfolgt genau dieses Ziel, nämlich Lehrerinnen und Lehrern zu helfen, die Denkprozesse der Kinder zu verstehen, und damit sensibler zu werden in Bezug auf Rechenschwäche.

3.5 Vordiagnosen der Kinder

Lehrerinnen und Lehrer sind nur selten für einen professionellen Umgang mit Rechenschwäche ausgebildet. Dennoch gehört ein besonders hohes Maß an Aufmerksamkeit zum Standardrepertoire einer Lehrkraft. Diese beiläufige Beobachtungskompetenz macht es überhaupt erst möglich, didaktische Maßnahmen den individuellen Voraussetzungen der Schülerinnen und Schüler anzupassen. Die Vordiagnose von drei Kindern aus meiner Fördergruppe, ohne ein standardisiertes Verfahren, soll meine eigene Diagnosefähigkeit schärfen und bestärken. Unter vordiagnostischer Tätigkeit soll damit ein Vorgehen verstanden werden, das dazu dient, Erscheinungsformen der Rechenschwäche zu erkennen, die dann bei weiteren praktischen Entscheidungen berücksichtigt werden. Diese Beobachtungskompetenz ermöglicht es überhaupt erst ein standardisiertes Verfahren begründet anzuwenden. Erst ganz zum Schluss, wenn sich vorläufige und vielleicht auch unsichere Vermutungen und Beobachtungen über die individuellen Faktoren der Rechenschwäche verdichtet haben, sollte ein diagnostischer Test zum Einsatz kommen.[73]
Ausgehend von konkreten Fällen soll nun von mir (ohne ein standardisiertes Verfahren) versucht werden, beiläufige Beobachtungen festzuhalten, um auf Risikofaktoren und Ursachen von Rechenschwächen aufmerksam zu machen und um dafür sensibel zu werden. Die Namen der Kinder wurden selbstverständlich geändert.

<u>Vordiagnose Sonja (8 Jahre/ Klassenstufe 2):</u>
Sonja ist ein beliebtes und akzeptiertes Kind in der Klasse, stets höflich und hilfsbereit ihren Klassenkameraden gegenüber. Sie bemüht sich sehr, die von ihr erwarteten Leistungen zu erfüllen. Jedoch lässt sich Sonja leicht, sowohl von ihren Tischnachbarn

[71] Vgl.: Schipper 2005, S. 28-29.
[72] Vgl.: Ebd. S. 29.
[73] Vgl.: Lorenz 2005, S. 19.

als auch durch Unruhe im Klassenraum, ablenken. Danach fällt ihr es schwer, sich wieder auf die Aufgabenstellung zu konzentrieren. Sonja benötigt sehr oft persönliche Zuwendung und arbeitet durch ihre geringe Konzentrationsspanne sehr langsam. In der kleinen Mathe-Fördergruppe, in der sie Anfang der 2. Klasse aufgenommen wurde, fällt sie besonders durch häufiges Erfragen von Aufträgen auf. Aus den Gesprächen mit ihr lässt sich entnehmen, dass sie sich im Fach Mathematik als durchschnittlich empfindet. Sie zeigt ab und zu eine Mathematikverdrossenheit, möchte aber ihre Leistungen in Mathematik verbessern. Dabei gibt sie an, dass sie wenig beim ersten Mal versteht aber zu Hause 2-mal die Woche Nachhilfe von einer „Nachhilfelehrerin" bekommt.

Bei Sonja war anfangs zu beobachten, dass bestimmte Fähigkeiten und Kenntnisse zwar vorhanden sind, von ihr aber nicht genutzt werden. Sie kann sofort und ohne nachzudenken mit den Fingern die Zahl 9 zeigen, verbindet diese Darstellung aber nicht mit der Aufgabe 5 + 4. Unter Verwendung der „Magischen 5" gelingt es ihr schnell, gelegte Anzahlen bis 100 simultan zu erkennen. Führt sie aber arithmetische Operationen mit dem Material selbst handelnd durch, greift sie auf ihre zählende Strategie zurück. Dabei geht sie aber geschickt vor, das heißt sie zählt immer vom größeren Summanden weiter.

Eine Schwierigkeit im Umgang mit der Zahl ist für Sonja das Verdrehen der Zehner und Einer. Das passiert ihr aber nur gelegentlich und ist sicherlich auf die Sprechweise der Zahl zurückzuführen und nicht auf eine Rechts- Links Problematik.

Im Mathematikunterricht kann Sonja einfache Aufgaben im Zahlenraum bis 20 lösen, wobei sie diese noch nicht automatisiert hat (oft noch zählendes Rechnen), da sie keine Vorstellungsbilder für Zahlen und Rechenoperationen generieren kann. Dies wird insbesondere bei der Zerlegung der 10 deutlich. Das Aufgabenformat „verdecktes Zählen" (10 Plättchen insgesamt: Wie viele sind verdeckt?) bereitet ihr in den Förderstunden immer wieder Probleme und muss geübt werden. Als zählender Rechner kennt sie die Zerlegungen der Zahlen bis 10 nicht auswendig.

Die Subtraktion scheint für Sonja eine unbeliebte/unklare Rechenoperation zu sein, da die Ergebnisse oft größer ausfallen als der Minuend und sie die Operationsrichtung gelegentlich vertauscht. Bei der Addition und Subtraktion im Zahlenraum bis 100 fällt auf, dass sie oft den Übertrag vergisst. Auf Nachfrage wie sie gerechnet hat erklärte Sonja mir, dass sie erst die Zehner („das, was vorne steht") zusammen rechnet und dann die Einer. Ihre Eltern hätten ihr diesen „Trick" erklärt. In einem Gespräch mit Sonjas Eltern habe ich darauf hingewiesen, dass diese individuelle Rechenstrategie die Förderung von Zahlenverständnis, die Entwicklung eines flexiblen Kopfrechnens und halbschriftlichen Rechnens hemmt.[74] Dennoch benutzt Sonja diese Rechenmethode, wenn ihr keine Materialhandlung zur Verfügung steht. Weder das schrittweise Rechnen, das Verdoppeln, noch das gegensinnige Verändern steht Sonja als Rechenstrategie zur Verfügung. Die Addition und Subtraktion voller Zehner stellt für sie kein Problem dar. Bei dem Aufgabentyp ZE ± ZE verführt die Hundertertafel auf der Rückseite ihres

[74] Vgl.: Schipper 2005, S. 11.

Zahlenbuchs zum Zählen beim Verrechnen der Einer und ist als Arbeitsmittel für sie nicht geeignet. Am problematischsten sehe ich bei ihr das Operationsverständnis. Für sie ist vor allem die Subtraktion nicht mit Leben gefüllt. Dieses fehlende Verständnis zeigt sich auch in den Schwierigkeiten bei der Multiplikation. Die 2er Reihe kann sie ohne Fehler rechnen. Allerdings denke ich, dass sie diese auswendig gelernt hat. Sonja weiß nicht welcher Faktor Multiplikand und welcher Multiplikator ist. Das wird deutlich, wenn sie eine Malaufgabe einem Punktfeld oder einer Sachsituation zuordnen soll (Faktoren werden vertauscht).

Der Aufbau von mathematischen Verständnisgrundlagen folgt einer logischen Abfolge von der ordinalen zur kardinalen zur relationalen Zahlverwendung.[75]

Aufgrund meiner Beobachtungen komme ich zu dem Schluss, dass Sonja ein ordinales Zahlenverständnis aufgebaut hat, das auch kardinale Elemente enthält. Sie erfasst schließlich bestimmte Mengen simultan und nutzt die „Kraft der 5". Sie ist in der Lage, Zahlen der Größe nach zu sortieren. Dennoch kann sie umfangreichere Rechnungen noch nicht strukturieren und Analogien nutzen. Der Schwerpunkt der Förderung muss damit im Aufbau des kardinalen Zahlbegriffs liegen. Mit dem informellen Verfahren DÜMA möchte ich diese Beobachtungen überprüfen, um Fehlurteile zu vermeiden.

Vordiagnose Janina (8 Jahre/ Klassenstufe 2):

Janina wurde bereits Ende der 1. Klasse von der Klassenlehrerin in die Förderung aufgenommen. Sie ist klein, schlank, immer freundlich, dabei macht sie aber immer einen kränkelnden Eindruck. Im Unterricht klagt sie oft über Müdigkeit, was aber nicht als psychosomatisch gesehen werden kann. Ihre Mathematikleistungen entsprechen den Leistungen im muttersprachlichen Bereich. Besonders zeigen sich Probleme beim Abschreiben und Verfassen von Texten, nicht nur in orthografischer Weise, sondern auch bei der Orientierung auf dem Blatt. Diese Orientierungsprobleme zeigen sich auch im Mathematikunterricht. Hier ist es nahe liegend, eine Wahrnehmungsstörung zu vermuten. Janina hat große Probleme in der Feinmotorik, denn das Ausschneiden und Malen bereiten ihr Schwierigkeiten. Sie kann die Lineatur nicht immer einhalten und die Handhabung mit dem Lineal fällt ihr ebenso sehr schwer. Im Mathematikunterricht braucht sie viel Unterstützung und Ansporn, da sie motivationslos vor den Aufgaben sitzt und auch gar keine Lust auf Mathematik hat. Die ihr gestellten Aufgaben bewältigt sie oft erst nach gesonderter Erklärung.

Für Janina stellt die ordinale Zahlverwendung kein Problem dar, das heißt sie kann die Position einer Zahl auf dem Zahlenstrahl bestimmen. Auch kann sie sicher vorwärts und rückwärts im Zahlenraum bis 100 zählen. Strukturierte Schnellerfassungen am Zwanzigerfeld/Hunderterfeld bereiten ihr keine Probleme und sie kann mit Mengenstrukturen umgehen.

Das kleine Einspluseins im Zahlenraum bis 20 ist bei ihr aber noch nicht automatisiert, die Zerlegung der 10 dagegen schon. Sie hat sich aber wie Sonja noch nicht vom

[75] Vgl.: Jansen 2007, S. 4.

zählenden Rechnen gelöst. In ihrer Strategie „Weiterzählen“ treten vor allem häufig noch Probleme/Zählfehler bei den Minus- Aufgaben auf. Janina nutzt Rechenstrategien wie zum Beispiel das schrittweise Rechnen (Rechnen bis zum Zehner und dann weiter) oder Tauschaufgaben.

Janina hat ein geringes räumliches Vorstellungsvermögen und kann sich dadurch Mengen nicht vorstellen. Übertragungen von selbst durchgeführten Handlungen auf die symbolische Repräsentationsebene gelingt ihr jedoch ohne Probleme. Werden ihr aber nur schriftliche Aufgaben dargeboten, versucht sie diese ohne Übersetzung in eine Handlung zu lösen. Unsicherheiten gibt es auch noch bei den Stellenwerten. Gelegentlich vertauscht sie Zehner und Einer im Zahlenraum bis 100. Es ist zu beobachten, dass Janina sich kein Anschauungsmaterial bei ihren Rechnungen zu Hilfe nimmt. Als „geschickter“ Zähler braucht sie dann sehr lang, um Aufgaben des Aufgabentyps ZE ± ZE zu berechnen. Janina kann keine Vorstellungsbilder von Rechenoperationen bilden. Dies wird insbesondere bei der Multiplikation deutlich, wenn sie Malaufgaben oder Plusaufgaben einer Sachsituation auf einem Bild zuordnen soll.

Ihre Rechenschwierigkeiten gehen einher mit Unsicherheiten bei Lagebeziehungen. Am Anfang der 2. Klasse hat sie die Zahlen oft noch spiegelverkehrt geschrieben. Auch verwechselt sie häufig Rechts und Links. Polygonzüge oder bestimmte Muster führt sie nicht bewegungsrichtig aus und kann sie somit nicht nachzeichnen. Ihr gelingt es nicht, Figuren auf dem Geobrett nachzuspannen, was sicherlich auf die rechts- Links-Problematik oder vielleicht auch als Störung der Auge- Hand- Koordination gedeutet werden kann. Vielleicht stoßen solche komplexen Bilder aber auch auf graphomotorische Schwierigkeiten, die altersbedingt nicht ungewöhnlich sind. Ein Hinweis dafür ist, dass Janina die Schreibbewegungen von Ziffern nicht bewegungsrichtig ausführt.

Da Janina offensichtlich Schwierigkeiten hat, Raum-Lage- Beziehungen zu erkennen und zu verwerten, sollte die Förderung sich auf den basalen Bereich konzentrieren. Zu einem späteren Zeitpunkt, das heißt die Steigerung der Wahrnehmung als auch der Vorstellung können dazu führen, dass im Zahlenraum bis 100 Beziehungen zunehmend besser konstruiert werden.

Vordiagnose Sabine (8 Jahre/ Klassenstufe 2):

Sabine nimmt seit der ersten Klasse am Förderunterricht in Mathematik teil. Aufgrund ihrer Persönlichkeit ist sie eine Einzelgängerin mit nur wenigen Freunden und Freundinnen. Sabine ist bei ihren Mitschülern und Mitschülerinnen nicht sehr beliebt, da sie diese oft ärgert und absichtlich provoziert, zum Beispiel durch Schimpfwörter oder sie malt regelmäßig die Sachen der Kinder an und zeigt keine Empathie.

Im Unterricht beteiligt sie sich trotz vieler Clownerien sehr oft. Häufig beschäftigt sie sich auch auf ihrem Platz alleine, malt und zeichnet einfach, obwohl dies gar nicht Gegenstand ihrer Arbeit sein sollte. Eine Ermahnung reicht dann bei Sabine nicht. Sie reagiert auf Arbeitsanweisungen besonders diskutierfreudig. In einer kleinen Lerngruppe ist Sabine dagegen arbeitsfähiger.

Aufgrund ihrer schlechten Leistungen in Mathematik und wenigen Erfolgen hat sich bei ihr bereits ein Hass auf Zahlen entwickelt. Ihre Mutter äußerte in einem Elterngespräch, dass sie dieses Fach als Kind, und auch heute noch, nie mochte. Sabine kommt regelmäßig zu spät zum Matheunterricht, um diesem ein paar Minuten zu entgehen. Dagegen sind ihre Leistungen in Deutsch gut. Sie kann selbstständig Texte verfassen und schreibt diese sehr ordentlich und orthografisch richtig auf/ab.

In Mathematik dagegen flüchtet sie sich häufig in eine Traumwelt. Sabine ist dann kein Mädchen mehr, sondern ein „Pferd“. Ich sehe diese Entwicklung als sehr bedenklich an, da dieses Problem seit der ersten Klasse besteht und sich auch nicht gebessert hat. Mittlerweile spielt sie auch in den Pausen alleine „Pferd“. Ich konnte sie sogar dabei beobachten, wie sie an einem Strauch auf dem Schulhof „knabberte“. Ihre Bilder zeigen sehr auffällig diese emotionale Situation. Das häufigste Motiv sind Pferde- beziehungsweise Tierbilder. Die Formen und Darstellungen sind aber sehr genau dargestellt und wirken auch sehr realistisch. Den Eltern ist dieses Problem bekannt und von Seiten der Klassenlehrerin wurde eine psychologische Beratung empfohlen. Diese Traumwelt kann Auslöser einer Rechenschwäche sein oder Begleiterscheinung. Fest steht, dass Sabine massive Probleme in Mathematik hat und sie äußert ihre Misserfolge sehr häufig mit dem gleichen Ausspruch: „Ich raffs nicht!“ Ist sie aufgrund eines komplexen Sachverhaltes überfordert, fordert sie sofortige Hilfe durch die Lehrerin oder den Lehrer ein. Genau wie bei Janina und Sonja fällt bei Sabine auf, dass sie auch in der zweiten Klasse immer noch versucht, arithmetische Aufgaben zählend zu lösen. Auch hat sie das kleine Eins-Plus-Eins im Zahlenraum bis 20 und die Zerlegung der 10 noch nicht automatisiert. Sie vertauscht wie Sonja Addition und Subtraktion. Aus diesen Gründen ist sie dann nicht in der Lage, den Zahlenraum bis 100, mit seiner dekadischen Struktur, hinreichend aufzubauen. Aber sie kann sowohl bei den Einern als auch bei den Zehnern bis zu der Anzahl 5 auf einen Blick erkennen, was ihr vorgelegt wurde. Auch Aufgaben wie 75 + 10 löst sie, ohne zu zählen. Allerdings muss sie immer wieder überlegen an welcher Stelle der Zehner und Einer steht, so dass sie für eine solche Aufgabe relativ viel Zeit benötigt. Das Vertauschen der Zehner und Einer ist Sabines häufigste Fehlerquelle. Ich konnte beobachten, dass sie augenfällig Zahlen von rechts nach links schreibt, was der Sprechweise im Deutschen entspricht. Allerdings ist Sabine Linkshänderin. Nach Ellrott[76] orientieren sich Linksseiter in der Horizontalen primär von rechts nach links. Demnach dürfte Sabine die Zehner und Einer nicht vertauschen. Höchstwahrscheinlich hält sie sich aber an den Merksatz „Schreibe zuerst die Zehner und dann die Einer“, so dass sie die Zehner und Einer aufgrund ihrer Linkshändigkeit verdreht.

Analogien treten für Sabine noch nicht hervor. Sie weiß, dass 13 + 4 =17 ist, verwendet diese Kenntnis aber nicht dazu 53 + 4 zu lösen und fällt auch hier schnell in das zählende Rechnen zurück. Zahlen sind für sie keine Größen, die Beziehungen zueinander aufweisen. Sabine geht bei ihren Rechnungen oft rein willkürlich mit den Stellenwerten um. Sie rechnet 43 + 57 = 55. Diese eigenwillige Strategie konnte ich bei ihr sehr oft

[76] Vgl.: In: Lorenz 2005, S. 20.

beobachten (43 + 7 = 50 -> 50 + 5 = 55). Sabine kann sicher vorwärts und rückwärts im Zahlenraum bis 20 zählen. In Zehnerschritten funktioniert das nur, wenn es sich um glatte Zehner handelt. Aufgefordert, von der „37“ ab in Zehnerschritten zu zählen, antwortet sie „37, 40, 50“. Orientierungsfehler zeigten sich besonders zu Beginn der zweiten Klasse, bei der Bestimmung des Vorgängers und Nachfolgers. So ist der Vorgänger von „80“ die „70“ und der Nachfolger von „50“ die „60“. Mittlerweile kann Sabine die Reihenfolge der Zahlen beachten, die Größenbeziehungen auf einem leeren Zahlenstrahl stimmen aber nicht. So zeichnet sie zum Beispiel die „50“ nicht in der Mitte ein und die „75“ liegt sehr nah an der 100. Sabine fällt es auch sehr schwer, ohne Hilfsmittel zu arbeiten. Sehr häufig verwendet sie den Rechenrahmen, der ihr im Unterricht und auch zu Hause als Veranschaulichungsmittel angeboten wird. Aufgrund ihres zählenden Rechnens kann sie sich nicht von diesem Material lösen, und sie vermag dadurch keine elaborierteren Kopfrechenstrategien anzutrainieren. Gerade zählende Rechner benutzen Material wie einen „mechanischen Taschenrechner“, an dem jede Aufgabe neu eingestellt wird. Dabei verharren sie aber auf ihrem einseitigen ordinalen Zahlenverständnis.[77] Dieses *Intermodalitätsproblem* wurde von mir im Punkt 3.2 bereits genauer beschrieben.

Das zählende Rechnen führt auch oft zu den typischen $\pm$ 1 Fehlern. Beispielsweise rechnet sie 23 + 6 = 28 abzählend als „23, 24, 25, 26, 27, 28“. Ein geschickter Zähler ist Sabine nicht. Die Kommutativität der Addition wird von ihr nicht verwendet, um den Zählvorgang abzukürzen. Genau wie Sonja hat Sabine im Moment kleine Erfolgserlebnisse bei der Multiplikation. Aber auch hier gehe ich davon aus, dass sie die Malreihen auswendig lernt, da sie Aufgaben bestimmten Sachsituationen nicht zuordnen kann. Das Nachspannen einer Figur auf dem Geobrett hat ihr große Schwierigkeiten bereitet, so dass sie auch im Geometrieunterricht keinen Spaß an Mathe finden konnte. Die räumliche Vorstellungsfähigkeit und die Vorstellungsfähigkeit für Rechenoperationen sind bei ihr demnach unzureichend vorhanden.

Der Schwerpunkt der Förderung sollte im Aufbau des kardinalen Zahlbegriffs liegen. Da sie aber noch Unsicherheiten beim Zählen hat, fehlt die Vorraussetzung dafür, dass sich die Zahl mit der Vorstellung einer gewissen Mächtigkeit verbindet. Mathematische Verständnisgrundlagen können sich bei ihr nur ausbilden, wenn die ordinale Zahlverwendung gesichert ist.

4. ZUM INFORMELLEN DIAGNOSEVERFAHREN DÜMA

4.1 Allgemeiner Aufbau des Testverfahrens

„Die Diagnose- und Übungseinheit Mathematik –DÜMA- dient der schnellen Erfassung von Lücken beim Aufbau tragfähiger mathematischer Verständnisgrundlagen und fasst gleichzeitig die wesentlichen Übungsformate zusammen.“[78]

[77] Vgl.: Kaufmann, Wessolowski 2006, S. 40.
[78] Vgl.: z. n. Jansen 2007, S. 3.

Mit geringem materiellen Aufwand können mit diesem informellen Diagnoseverfahren Rechenprobleme erfasst, ein Förderplan erstellt und einige wesentliche Übungen zur Überwindung von Rechenschwierigkeiten durchgeführt werden.
Die DÜMA wurde von Peter Jansen entwickelt und ist eine komprimierte Version der Konzepte **Basiskurs Mathematik** (Jansen 2005) und dem Konzept zur Individualisierung des Klassenunterrichts **Matinko**, für Test, Diagnose und Übung *einzelner* Schülerinnen und Schüler.[79]
Für diesen Lehrgang sind die Aufgaben so konzipiert, dass die didaktische Entwicklungslinie vom ordinalen zum kardinalen zum relationalen Verständnis verläuft. Diese drei Bereiche werden, auf verschiedene Zahlenräume bezogen, zunächst bis 20, dann bis 100 durchlaufen. Bei der Zusammenstellung der Aufgaben wurden vornehmlich solche berücksichtigt, die in der Fachliteratur als Übung für rechenschwache Kinder empfohlen werden. Die diagnostischen Aufgaben beziehen sich auf die Bereiche Lagebeziehungen, Fachbegriffe, Stellenwerte, Zählen und Sortieren (Zahlenstrahl, Zahlenfolgen), Zwanzigerfeld (Ikonisierung, Schnellerfassung, Zerlegung, Verdeckte Menge, Verdoppeln), Hunderterfeld, Größen (Messen, Uhrzeit, Geld), Textaufgaben und operatives Verständnis (Rechentafel, Unterschied).[80]
Die Diagnose- und Übungseinheit enthält eine laminierte Arbeitskarte, mit der alle Aufgaben durchgeführt werden können und eine Prozessdiagnose unterstützt wird. Auf dieser 2-seitigen Arbeitskarte befinden sich leere Felder- etwa zum Einzeichnen von Polygonzügen oder Ikonisierungen von Zahlen, Stellenwerttafeln, ein 20er- Punktefeld, ein leerer Zahlenstrahl, das Hunderterfeld, eine Rechentafel etc. Zusätzlich, zur Orientierung in Raum und Lage, befindet sich auf der linken Seite eine lila- linke Merkhilfe, die man auch auf den Arbeitskarten des Übungsteils aus dem *Basiskurs Mathematik* von Peter Jansen findet. Die Arbeitskarten mit den Lösungen der Kinder meiner Fördergruppe, sind auch in den Anlagen 2 bis 4 zu sehen.
Die laminiere Karte lässt sich mit einem Bleistift oder einem Boardmarker beschreiben und mit einem Lappen wieder reinigen. Außerdem gibt es zwei Abdeckkarten (DINA5) zum Auseinanderschneiden, für Schnellerfassungen am Zwanzigerfeld.
Zusätzlich wird ein Lineal, Spielgeld und 1 Satz Systemblöcke benötigt. Die Systemblöcke sind besonders im Zahlenraum bis 100 geeignet, da die dekadische Struktur deutlich wird. Eine begleitende Ziffernschreibweise gelingt damit leichter. Durch das Material wird vor allem die Strategie des stellenweisen Rechnens unterstützt.[81] Ein weiterer Vorteil liegt darin, dass das Material in höheren Zahlenräumen fortsetzbar ist. Die Systemblöcke bestehen aus Holz, und sind damit auch haltbarer als strukturgleiche Perlenketten. Die Verwendung zum Beispiel von Plättchen erfordert viele Einzelhandlungen, was durch eine Verwendung der Systemblöcke den Schülern und Schülerinnen erspart bleibt.[82] Auch der leere Zahlenstrahl ist als Veranschau-

[79] Vgl.: Jansen 2007, S. 3.
[80] Vgl.: Ebd. S. 9-15.
[81] Vgl.: Kaufmann, Wessolowski 2006, S. 42.
[82] Vgl.: Jansen 2004, S. 17.

lichungsmittel gut geeignet, um Vorstellungen von der Entfernung zweier Zahlen zu entwickeln.[83]

Bei der Auswahl eines informellen Diagnoseverfahrens wurden von mir zwei Ziele verfolgt. Erstens sollten an die Schüler und Schülerinnen angemessene Anforderungen gestellt werden. Zweitens wollte ich auch im Hinblick auf meine spätere Arbeit als Lehrerin ein Instrument zur Diagnose von Rechenschwierigkeiten zur Hand haben, welches mit einem überschaubaren zeitlichen Aufwand durchgeführt werden kann und trotzdem zuverlässige Aussagen über die jeweiligen Stärken und Schwierigkeiten in den verschiedenen Bereichen des Faches Mathematik Auskunft gibt.

4.2 Zur Durchführung

Das diagnostische Screening mit der DÜMA dient dem schnellen Erfassen der Kompetenzen eines Schülers und einer Schülerin. Bei der Durchführung können aber nicht in jeder Situation alle Aufgaben gestellt werden, da die Konzentrationsfähigkeit bei jedem Probanden individuell sehr unterschiedlich ist. Jansen empfiehlt, Schüler und Schülerinnen einer zweiten Klasse ca. 45 Minuten zu testen. Soll der Test vollständig durchgeführt werden, kann das also auch an verschiedenen Tagen geschehen. Die Diagnostik darf nach der Durchführung aber nicht als abgeschlossen angesehen werden, denn aktueller Förderbedarf lässt sich prozessbegleitend immer noch erfahren. Die Arbeitskarte und die Aufgaben können dann als Übung weiterhin eingesetzt werden.[84]

Kaufmann und Wessolowski fordern, dass bei der Durchführung eines informellen Tests das Ziel eines diagnostischen Gesprächs nicht aus dem Auge verloren werden darf.[85]

Um eine angenehme Gesprächsatmosphäre herzustellen und den Schülerinnen und Schülern die Angst zu nehmen, wird zu Beginn der Diagnose das Ziel der Untersuchung vorgestellt, nämlich dass die Kinder Transparenz über ihr eigenes Lernen erfahren und der Lehrer bzw. die Lehrerin geeignete Hilfen anbieten kann. Es wird nicht angestrebt, zur richtigen Lösung zu gelangen, sondern die Schülerinnen und Schüler sollen sich einfach nur Mühe geben.

Die Diagnose sollte in einer gut vorbereiteten Umgebung stattfinden. Dazu gehören bereitliegendes Material, ein störungsfreier Raum ohne Telefonklingeln und „Durchgangsverkehr", sowie eine bequeme Sitzordnung. Nach dem einleitenden Gespräch werden diagnostische Aufgaben gestellt, so dass mit solchen begonnen wird, die das Kind mit hoher Wahrscheinlichkeit lösen kann. Die Aufgabenschwierigkeit wird bei jedem Aufgabentyp dann schrittweise erhöht, bis eine Aufgabe nicht mehr gelöst werden kann. Es versteht sich von selbst, dass nun auf weitere Aufgaben mit höherem Schwierigkeitsgrad verzichtet werden kann.[86]

---

[83] Vgl.: Kaufmann, Wessolowski 2006, S. 43.
[84] Vgl.: Jansen 2007, S. 7.
[85] Vgl.: Kaufmann, Wessolowski 2006, S. 27.
[86] Vgl.: Jansen 2007, S. 7.

Die Zahlenwerte werden je nach Alter und Lernvoraussetzungen den Kindern angepasst. Wichtig ist, dass bei der Durchführung Denkprozesse nicht durch Zwischenfragen gestört werden. Der Lehrer und die Lehrerin müssen Geduld haben und den eigenen Rede- und Erklärungsanteil möglichst gering halten.[87] Zur Unterstützung gibt die DÜMA einige Beispiele herausfordernder Fragen, die kognitive Konflikte erzeugen können. So zum Beispiel soll bei mehrstelligen Zahlen gefragt werden, was bei diesen die Ziffern bedeuten. Bei Unsicherheiten des Kindes hinsichtlich dieser Fragestellung werden dann weitere Hinweise gegeben. Das Kind soll nun die Zahl mit Holzwürfeln darstellen.[88]
Selter & Spiegel (1997)[89] geben als eine wichtige Grundregel bei der Anwendung eines informellen Tests den Tipp, dass man keine negativen Bewertungen gibt und Fehler stehen lassen sollte. Im Sinne eines diagnostischen Gesprächs kann auch bei richtigen Ergebnissen nach dem Lösungsweg gefragt werden. Diese Regeln liegen auch ganz im Sinn der Diagnoseeinheit von Peter Jansen.
Eine genaue Protokollierung der Vorgehensweisen und beiläufiger Beobachtungen ist bei der Durchführung wichtig[90], um eine schnelle Übersicht über den Lernstand in Mathematik zu haben. Außerdem können Rechenwege/Vorgehensweisen vom Beobachter nicht vergessen werden. Jedoch werden in der DÜMA dazu keine Hinweise gegeben, so dass ich in der Durchführung zu jedem Aufgabentyp meine Beobachtungen frei aufschreiben werde. Nach Beendigung der Diagnoseeinheit wird schließlich die Mitarbeit des Kindes gewürdigt.[91]

4.3 Lehrerfunktionen

Die Arbeit mit den Kindern im Förderkurs Mathematik sowie die Erprobung des informellen Diagnoseverfahrens DÜMA zur Sensibilisierung der Diagnosekompetenz erfordern von der Lehrerin und dem Lehrer folgende in der OVP Abs. II § 6 festgelegten Handlungsfelder:

Erziehen und Unterrichten: Diese Handlungen beziehen sich auf die Arbeit mit den Kindern. Das Konzept ist auf die Verbesserung der Diagnosefähigkeit ausgerichtet, aber die Diagnose ist nicht von einer abschließenden Förderung/Übung zu trennen.

Organisieren und Verwalten: Die Lehrerin und der Lehrer hat die Aufgabe, Termine mit den Eltern abzusprechen. Sie/Er muss die Planung und Gestaltung der einzelnen Diagnoseeinheiten und Förderstunden vornehmen und das Gesamtkonzept zeitökonomisch im zur Verfügung stehenden Zeitraum planen und umsetzen. Die

[87] Vgl.: Kaufmann, Wessolowski 2006, S. 27.
[88] Vgl.: Jansen 2007, S. 9.
[89] Vgl.: In: Kaufmann, Wessolowski 2006, S. 27.
[90] Vgl.: Ebd. S. 27.
[91] Vgl.: Jansen 2007, S. 15.

Ergebnisse aus den Befragungen und den Beobachtungen müssen geschützt aufbewahrt und für eine Interpretation aufbereitet werden.

Innovieren: Die im Rahmen meiner Arbeit gewonnenen Erfahrungen und Erkenntnisse über Rechenschwäche und über die Diagnosemöglichkeit mit dem informellen Diagnoseverfahren DÜMA werden dem Kollegium für die folgenden Erhebungen bei Verdacht auf Rechenschwäche zur Verfügung gestellt.

Beraten: Die Lehrerin und der Lehrer berät die Eltern im Abschluss an die Diagnoseeinheit bezüglich des Lernstandes in Mathematik aber auch hinsichtlich beobachteter Defizite in anderen Bereichen wie Motorik, soziales Verhalten und Wahrnehmung und vereinbart geeignete Fördermöglichkeiten (siehe Förderpläne: Anlagen 8 bis 10).

Beurteilen: Durch kontinuierliche und gezielte Beobachtungen der individuellen Lernentwicklung in dem diagnostischen Gespräch erfolgen entsprechende Fördermaßnahmen, die zielgerichtet auf den Lernstand der Kinder ausgerichtet sind.

Evaluieren: Die Durchführung des Verfahrens zur Ermittlung der Lernausgangslage werden im Hinblick auf ihre Effektivität und Übertragbarkeit auf die Schule kritisch hinterfragt. Dies erfolgt auch auf der Grundlage der beobachteten Lernausgangslage der Kinder (Vordiagnose) im Hinblick auf die Lernausgangslage, die durch die DÜMA festgestellt wurde, das heißt die eigene Diagnosefähigkeit wird evaluiert.

5. ERPROBUNG DES DIAGNOSEVERFAHRENS DÜMA

Hinsichtlich der Vergleichbarkeit untersuchte ich drei Schülerinnen der gleichen Klasse, von denen ich aufgrund meiner Beobachtungen annahm (siehe Punkt 3.5), dass eine Rechenschwäche vorliegen könnte.
Da die Ursachen für eine Rechenschwäche sehr unterschiedlich sind, holte ich vor Beginn der Diagnose ausführliche Informationen über die jeweiligen Schülerinnen ein. Hierbei habe ich von einem Anamnesebogen für Eltern Abstand genommen. Fragen zum Beispiel zur familiären Situation, zur Entwicklung des Kindes, zu der erzieherischen Situation und zum psychischen Zustand der Schülerin sind teils sehr persönliche Fragen und können als Eingriff in die Privatsphäre aufgefasst werden. Hilfreich erachte ich die aktive Einbindung der Eltern bei der Erstellung des Förderplans, so dass in enger Kooperation eine erfolgreiche Förderung erreicht wird. Dies soll aber nicht Gegenstand meiner Arbeit sein und wird im Ausblick kurze Erwähnung finden. Um neben meinen Beobachtungen in der wöchentlichen Förderstunde anfangs genügend Informationen zu erhalten, unterhielt ich mich oft mit den Kollegen und Kolleginnen. Des Weiteren

mussten die Schülerinnen zu Beginn des Diagnoseverfahrens einige Fragen zu ihrer Selbsteinschätzung im Fach Mathematik beantworten.
Da die informelle Diagnose von Lernständen zu einer alltäglichen Aufgabe eines Lehrers und einer Lehrerin gehört, war eine gesonderte Einstimmung der Schülerinnen und eine Einverständniserklärung der Eltern nicht notwendig. Die betroffenen Schülerinnen wurden von mir im Förderunterricht darüber informiert, dass ich ihnen helfen möchte, ihre Mathematikleistungen zu verbessern. Hierzu würde ich einige Aufgaben mit ihnen durchführen, um herauszufinden was sie in Mathematik nun schon gut können und was sie in den nächsten Förderstunden noch üben müssen. Von Vorteil war, dass die Kinder mich durch die wöchentliche Arbeit in der Mathematikförderstunde sehr gut kannten. Auch die Arbeit mit einer laminierten Arbeitskarte war ihnen bereits ein vertrautes Material. In meinen Förderstunden setzte ich die laminierten Arbeitskarten von Peter Jansen, aus dem Übungsteil des *Basiskurses Mathematik*, oft im 10- Minuten- Rechnen ein. Die Schülerinnen waren dieser Maßnahme gegenüber sehr aufgeschlossen und freuten sich auf die Zusammenarbeit mit mir. Auch sind alle drei an der Verbesserung ihrer Mathematikleistungen interessiert und gingen deswegen sehr motiviert diese Aufgaben an.
Es zeigte sich, dass die zeitliche Einschätzung von 45 Minuten, die in DÜMA von Peter Jansen hinsichtlich der Konzentrationsspanne von Schülerinnen und Schülern eines zweiten Schuljahres vorgeschlagen wurde, zutraf. Jede Schülerin benötigte für eine Seite der Arbeitskarte 45 Minuten- insgesamt 90 Minuten für jedes Kind. Die Anzahl der bearbeiteten Aufgaben in den jeweiligen Stunden variierte durch die Vorgaben des Diagnoseverfahrens nicht. Dies lag an dem Abbruchkriterium, das heißt wenn eine Schülerin innerhalb einer Aufgabengruppe deutliche Schwierigkeiten zeigte, verzichtete ich auf die Bearbeitung weiterer gleichartiger Aufgaben. Ich wollte die Frustration der Schülerinnen so gering wie möglich halten, um die Freude an der Arbeit mit mir und ihre Motivation nicht zu beinträchtigen.
Das Diagnoseverfahren wurde an den Schulvormittagen durchgeführt. Die Schülerinnen sollten keinen Nachteil aufgrund der Mehrarbeit gegenüber ihren Mitschülern[92] haben, was ebenso ihrer Motivation und der Konzentration abträglich sein könnte. So habe ich eine Sitzung gleich zu Beginn abgebrochen, als ich erfuhr, dass die Mitschüler von Sonja im Sachunterricht ein Obst- und Gemüsespiel spielen dürfen. *„Danke, wir machen dann ja morgen weiter."* hat sie mir beim Zurückgehen in die Klasse noch zugeflüstert. Dank gilt hier meiner Kollegin, die mir zu jeder Zeit erlaubte, die Kinder aus ihrem Unterricht zu nehmen. Für die Diagnose gingen die Schülerin und ich in einen separaten Raum. Dabei unterhielten wir uns kurz über Dinge, die den Schulalltag nicht betrafen. Das benötigte Material habe ich vor jeder Sitzung bereitgelegt. Ich setzte mich an einer vom Kind bevorzugte Seite des Tisches daneben und stellte etwas zu trinken bereit. All diese Maßnahmen sollten eine positive Arbeitsatmosphäre schaffen.

[92] Die feminine Wortform ist gedanklich mit inbegriffen.

Während die Schülerin nun die Arbeitskarte vor sich hatte, trug ich alle Beobachtungen, Ergebnisse und Auffälligkeiten ohne einen Analysebogen auf ein leeres Blatt zusammen. Dabei achtete ich auf jegliche Bewegungen des Körpers (mit den Fingern zählen, Blickrichtung der Augen, Bewegung der Lippen usw.). Auch wurden von mir Erkenntnisse hinsichtlich der sprachlichen Ausdrucksweise, dem strukturierten Vorgehen, der Ausdauer und Konzentration notiert. Bei der Durchführung bestand für mich dennoch das größte Problem in der Notation. Während der Protokollierung war ich sehr unsicher und hatte das Gefühl, dass dieses Aufschreiben durcheinander erfolgte, und damit auch schlecht für die Auswertung verwendet werden könnte. Die DÜMA gibt genügend Beobachtungshinweise, die aber nicht so schnell aufgeschrieben werden konnten. Ein Beobachtungsbogen mit leeren Feldern zur freien Protokollierung, sowie Möglichkeiten zum Ankreuzen ist für dieses Problem eine optimale Lösung und wurde von mir als Konsequenz hieraus, auch für meine spätere Diagnosearbeit als Lehrerin, erstellt (siehe Anlage 1). Eine zweite Person, die ausschließlich Beobachtungen notiert, während die andere das Diagnoseverfahren durchführt, wäre wohl die günstigste Möglichkeit der Protokollierung. In der Praxis ist dies jedoch kaum umsetzbar, da eine Einzeldiagnose viel Zeit in Anspruch nimmt.
Die einzelnen Aufgaben wurden von mir mündlich präsentiert. Dabei habe ich versucht darauf zu achten, den Rede- und Erklärungsanteil möglichst gering zu halten. Es war schwierig, Kommentare wie zum Beispiel *"Ja, super."* oder *„Nein."* wegzulassen. Ich übte mich aber in Zurückhaltung, um dem Kind genügend Zeit zum Nachdenken zu geben. Auch war es am Anfang nicht leicht für mich, trotz Vorgabe von herausfordernden Fragen, gezielt Impulse zu geben. Nach mehrmaligem Erproben wurde ich aber zunehmend sicherer, zurückhaltender und auch routinierter. Ich habe gemerkt, dass zu viele Fragen die Schülerinnen verunsicherten und eine Prozessdiagnose damit nicht unterstützt wurde.
Nicht nur wenn eine Aufgabe zögerlich oder falsch beantwortet wurde fragte ich schließlich nach, sondern auch bei richtiger Lösung führte ich ein diagnostisches Gespräch. Nach meiner Frage: *„Wie hast Du gerechnet?"* sollte die Schülerin mir die einzelnen Denkschritte nochmals erklären, während ich ohne Kommentar zuhörte. Alle Äußerungen der Kinder wurden von mir notiert (lautes Denken). Meine Aufzeichnungen wurden von einer Schülerin anfänglich mit Skepsis aufgenommen. Ich erklärte ihr, dass es wichtig sei zu wissen, wie sie und nicht ob sie richtig rechnet und ich mir alles aufschreiben muss, damit ich es nicht vergesse.
Nach Beendigung des Diagnoseverfahrens äußerten zwei Schülerinnen, dass es *„ganz schön anstrengend"* war und *„lange gedauert hat"*. Der Vorteil in diesem informellen Diagnoseverfahren liegt darin, dass man die Diagnose an einem anderen Tag fortsetzen kann. Um einen Verlust der Konzentration zu vermeiden, ist es sicherlich von Nutzen, wenn man die Kinder gut kennt und vorher schon mit ihnen zusammen gearbeitet hat. In einer ungewohnten Atmosphäre kann man sich schlechter konzentrieren, als in einer vertrauten.

Der wohl größte Vorteil in diesem Diagnoseverfahren lag für mich aber in dem geringen materiellen Aufwand. Die DÜMA ist demnach als relativ kurzes mathematisches Screening geeignet, das einen schnellen ersten Eindruck über mathematische Verständnisgrundlagen ermitteln kann. Die laminierte Arbeitskarte kann nicht nur für die Diagnose, sondern auch für wesentliche Übungen in einem Förderkurs oder im Klassenunterricht eingesetzt werden und ist demnach gut übertragbar auf die Schule. Es bietet sich an, die Arbeitskarte weiter in meinem Förderkurs, für einige wesentliche Übungen zur Überwindung von Rechenschwäche, zu verwenden.

Peter Jansen schlägt zur Beschriftung der Arbeitskarte einen wasserlöslichen Folienstift, einen Boardermarker oder einen weichen Radiergummi und zum Abwischen und ein feuchtes Tuch vor. Nach meiner Erfahrung ist ein wasserlöslicher Folienstift nicht so gut geeignet, da die Beschriftungen verwischten und auch die Hände der Kinder, trotz Trockentuch, zum Schluss „sehr bunt" aussahen. Auch die Markierungen mit einem Bleistift konnte man hinterher nicht gut entfernen. Ich empfehle einen Boardermarker, der mit einem Radierschwamm sehr gut entfernt werden kann.

Des Weiteren hatten die Schülerinnen bei der diagnostischen Aufgabe *„Wie groß ist der Unterschied zwischen 5 und 9?"* Probleme die Zahlen auf den etwas größeren farbigen Feldern als Menge, die schließlich auf einen Blick erkannt werden soll, darzustellen. Die Farbfelder auf der Arbeitskarte waren einfach zu klein dafür. Schülerinnen und Schüler, die zusätzlich Schwierigkeiten in der visuellen Differenzierung haben, können ihre gemalten Mengen erst recht nicht auf diesem kleinen Feld unterscheiden. Als Konsequenz hieraus würde ich die Menge von den Kindern separat auf ein Blatt zeichnen und hinsichtlich des Unterschieds untersuchen lassen. Möglich ist auch eine Darstellung mit den Systemblöcken, die für das Verfahren sowieso benötigt werden.

Nach Ricken[93] kennt man in der Forschung den Prozess der Entwicklung von mathematischen Kompetenzen erst in Ansätzen. Für diesen Bereich gibt es nach Aussage dieser Autorin kein geeignetes diagnostisches Verfahren.

Meiner Meinung nach können aber mit Hilfe der DÜMA qualitative Aussagen über den erreichten Stand der Entwicklung mathematischer Kompetenzen getroffen werden. Die diagnostischen Aufgaben haben mir geholfen, die Stärken und Schwächen der Schülerinnen zu erkennen oder auch zu bestätigen. Die genannten Vorteile dieses standardisierten Verfahrens sprechen dafür, dass ein diagnostischer Prozess bei meinen Kolleginnen und Kollegen mit DÜMA organisiert werden kann.

---

[93] Vgl.: In: Fritz, Ricken, Schmidt (Hrsg.) 2003, S. 266.

6. AUSWERTUNG

Das Ziel meiner Selbstevaluation soll darin bestehen, sich im Vergleich mit und ohne ein standardisiertes Diagnoseverfahren, der eigenen Diagnosefähigkeit bewusst zu werden und diese damit zu stärken, um eine Basis für die weitere Arbeit mit standardisierten Diagnoseverfahren zu erhalten.

Die Kriterien meiner Evaluation lauten: *Die Lehrkraft ist sensibel in ihrer Diagnosefähigkeit bei Rechenschwäche. (Dabei verliert die Lehrkraft das Ziel eines diagnostischen Gesprächs bei der Durchführung mit einem informellen Diagnoseverfahren nicht aus den Augen.)*

Um diese Kriterien zu überprüfen, muss man sie konkret nachvollziehbar machen können. Dies erreiche ich durch die Dokumentation des eigenen diagnostischen Handelns in einer sogenannten Erwartungs- Realitäts- Bilanz. In dieser wird festgehalten, in welchem Verhältnis- im Nachhinein betrachtet- eigene Erwartungen (Vordiagnose ohne Verfahren) mit dem tatsächlich Erreichten durch das informelle Verfahren stehen.[94] So lässt sich die Diagnose mit und ohne informelles Diagnoseverfahren in einer Bilanz tabellenartig gegenüberstellen und so sogar mit anderen Fällen, im Verlauf der Zunahme eigener Berufserfahrung, vergleichen. Die nun folgenden Ausführungen stellen eine Auswertung der Diagnoseergebnisse der drei Schülerinnen in einer solchen Bilanz dar, die sich in Tabellenform im Anhang (Anlage 2-4) befindet.

Diagnose Sonja (8 Jahre/ Klassenstufe 2):

Schwierigkeiten offenbarten sich mit Hilfe des Diagnoseverfahrens DÜMA, wie schon in meiner Vordiagnose, in sämtlichen Aufgabenarten. Nur bei der Übung zur rechts-links-Unterscheidung zeigte sie Sicherheit. Überrascht hat mich, dass Sonja Schwierigkeiten hatte, im Zahlenraum bis 100 rückwärts zu zählen. Sie zählte richtig, aber nicht synchron und sehr langsam. Auch sind ihr die Begriffe „Summe“ und „Vorgänger“ noch nicht geläufig. Der „Vorgänger“ ist ihrer Auffassung nach immer die vorderste Zahl, nämlich „Der Vorgänger von 7 ist 1.“ und „ Der Vorgänger von 18 ist 10.“ In meiner Vordiagnose bin ich davon ausgegangen, dass diese Fachbegriffe bei meinen Schülerinnen gefestigt sind, da diese zum Sprachbestand in meinen wöchentlichen Förderstunden gehören.

Probleme bei der stellengerechten Schreibweise und Interpretation der Ziffern ergeben sich aus ihrer Unkenntnis der Bedeutung der Stellenwerte. Die Zahl 17 konnte Sonja nicht korrekt in die Stellenwertetafel übertragen. Auf meine Nachfrage, was denn die Ziffern bedeuten erklärte sie mir, dass „die 17 aus 10 Zehnern und 7 Einern besteht“. Am Material konnte sie ihren Fehler selbst erkennen. Auch die Struktur des Hunderterfeldes hat sie noch nicht verinnerlicht. Laut meiner Lernstandserfassung ist ihr die Struktur des Hunderterfeldes aber bekannt. Der Schwerpunkt des Mathematikunterrichts liegt im Moment im Verständnis der Multiplikation und Division. Die Übungen mit dem

[94] Vgl.: König 2000, S.147.

Hunderterfeld waren bereits Schwerpunkt Anfang der Klasse 2 und liegen im Unterrichtsstoff weit zurück. Demnach waren Strukturen im Hunderterfeld nicht sicher gefestigt und müssen geübt werden.
Beim Zahlenstrahl konnte sich Sonja nicht an markanten Punkten orientieren und suchte die Lösungen durch Abzählen. Sie begründete aber ihre Entscheidung, dass die „50“ in der Mitte zwischen „0“ und „100“ liegt, mit der Aussage „Die liegt in der Mitte, weil 50 die Hälfte von 100 ist.“ Trotzdem ist bei Sonja das ordinale Zahlverständnis, im Gegensatz zu meiner Vordiagnose, noch nicht hinreichend gefestigt. Die mittellangen Striche (10er Schritte) auf dem Zahlenstrahl bis 100 interpretierte sie beim ersten Hinschauen als „die Zahlen, die mit 1 hinten sind. Das sind die Zahlen 11, 21, 31...“.
In meiner Eingangsdiagnose habe ich vermerkt, dass die simultane Erfassung gelegter Anzahlen bis 100 gelingt. Mit Hilfe von DÜMA muss ich diese Diagnose aber widerlegen. Sonja gelingt die Unterscheidung der Anzahl 4 und 5 nicht! In handelndem Umgang mit dem Material nutzte sie aber die Struktur der „Magischen 5“. So verwendete sie zur Darstellung der Zahl 17 auf dem 20er Feld auch die 5er Stange, da ihr diese als Anzahl 5 vorgestellt wurde. Wird ihr eine Anzahl geboten, die diese „Magische 5“ erkennen lässt (zum Beispiel eine Lücke nach der „5“) kann sie die Menge simultan erfassen. Ab einer Anzahl von 9 (5 + 4) kann sie die Menge nur noch zählend ermitteln. Das Problem der Unterscheidung der Anzahlen 4 und 5 spiegelt sich in ihren Rechnungen und eigenen Materialhandlungen wider – sie rechnet und handelt immer wieder zählend. Auch hat sich meine Diagnose mit DÜMA bestätigt, dass Sonja keine Vorstellungsbilder von Mengen generiert. Das zeigte sich insbesondere in der Übung „Verdeckte Menge am 20er Punktefeld“. 6 von 10 Punkten waren verdeckt. Sonja zählte ab wie viele Punkte offen lagen (Problem der Simultanerfassung). Ich forderte sie auf, laut zu denken. Sonja rechnete: „Da liegen 1, 2, 3, 4. Da muss ich 4 von 10 abziehen. 10, 9, 8, 7, 6. 6 sind versteckt.“ Sonja hat demnach nicht verstanden, dass man Zahlen in Teile zerlegen kann. Die Zerlegung der „10“ hat sie zwar mittlerweile automatisiert, aber eben nur auswendig gelernt und nicht verstanden. Aus diesem Grund gelingt ihr im Diagnoseverfahren die Zerlegung der „10“ und „20“, im Widerspruch zum verdeckten Zählen, ohne Probleme. Sie zähle aber auch bei dieser Aufgabe den ersten Summanden am 20er Punktefeld aus.
Meine Vordiagnose hat den Bereich „Größenverständnis“ nicht abdecken können, da ich nur unzureichende Beobachtungen dazu machen konnte. Mit DÜMA können nun aber von mir auch zu diesem Bereich Aussagen getroffen werden. Sonja verwechselte die Größenangaben cm und m und konnte die Skala auf dem Lineal nicht interpretieren. Der zu messende Pfeil auf der Arbeitskarte „ist 4m lang“. Der Aufforderung „Zeichne einen Pfeil der 6 cm ist.“, konnte sie nicht nachkommen. An der Uhr verwechselte sie den Minuten- und Stundenzeiger und volle Stunden zeichnete sie durch Abzählen ein. Sonja konnte sich aber an markanten Punkten im Tagesablauf orientieren. Im Umgang mit Geld konnte sie kein Rückgeld geben, da ihr die Umrechnung von Euro in Cent noch nicht gelingt.

Zusammenfassend lässt sich feststellen, dass die Diagnose der Verständnisgrundlagen von Sonja mit Hilfe von DÜMA, im Hinblick auf meine Vordiagnose, sowohl bestätigt, erweitert als auch widerrufen werden konnte. Es zeigt sich, dass meine Sensibilität gegenüber Rechenschwäche in dem Fall Sonja in vielen Bereichen bereits zutrifft und ich mich mit Hilfe von DÜMA in meiner Diagnose nun bestätigt und abgesichert fühle.
Weitere diagnostizierte Verständnisschwierigkeiten, die mit meiner Vordiagnose übereinstimmen, sind der Erwartungs- Realitäts- Bilanz (siehe Anlage 2) zu entnehmen.

Diagnose Janina (8 Jahre/ Klassenstufe 2):
Wie ich bereits in meiner Vordiagnose festgestellt hatte, arbeitete Janina während des Diagnoseverfahrens aufgrund ihrer graphomotorischen und feinmotorischen Schwierigkeiten sehr unsauber. So ließ sie sich zusätzlich besonders oft durch diverse Dinge im Raum ablenken, so dass ihre Konzentration schnell nachließ. Auch meine Diagnose bezüglich des Bereiches „Zahl schreiben" trifft zu. Die Ziffern 5 und 9 schrieb sie nicht bewegungsrichtig auf. Außerdem sieht „ihre 4" aufgrund des schlechten Schriftbildes der „9" sehr ähnlich. Ihre Arbeitshaltung während des informellen Diagnoseverfahrens war nicht durchgehend als positiv zu bewerten. Janina ging sehr motivationslos an die Aufgaben heran und forderte aufgrund ihrer abwesenden, träumerischen Haltung oft nach einer erneuten Erklärung. Im einleitenden Gespräch konnte sie mir den Nutzen der Mathematik nicht beschreiben. Janina war und ist nicht klar, wofür sie im späteren Leben Mathematik braucht.
Genau wie bei Sonja hat mich die Zählfähigkeit von Janina überrascht. Meine Vordiagnose trifft in dem Bereich „Zählen" bei dieser Schülerin nicht zu. Ich bin davon ausgegangen, dass Janina im Zahlenraum bis 100 sicher vorwärts und rückwärts zählen kann. Das funktionierte aber nur in 1er Schritten. So zählte sie in 2er Schritten „20, 22, 25, 27, 29, 30". Auch bei der Zahlenfolge [53, 50, 47, ...] erkannte sie die Regel nicht. Die nächste Zahl war ihrer Meinung nach die „40". Auf Nachfrage begründete sie ihre Entscheidung mit der Aussage: „Ich zähle vorwärts. 47, 48, 49, 50. Da sind 3 dazwischen. Also geht es immer 3 weiter." Janina rechnete daraufhin 47 + 3. Sie hatte aber erkannt, dass die Anzahlen weniger werden und änderte willkürlich 5 Zehner in 4 Zehner um. Dieses Beispiel macht auch deutlich, dass ihr Stellenwertverständnis nicht gefestigt ist. In meiner Vordiagnose und der Diagnose mit dem informellen Verfahren konnte ich feststellen, dass sie nicht nur gelegentlich, sondern sehr oft die Zehner und Einer vertauschte. So wollte Janina die Zahl 17 als 71 in die Stellenwertetafel übertragen. Auf ihrer Arbeitskarte kann man diese Unsicherheit an der Schreibweise der „1" sehen. Auf meine Nachfrage „Was wolltest du erst schreiben?" antwortete sie: „Ich hab das verwechselt. Wollte erst die 7 da rein schreiben.". Genau wie Sonja konnte Janina nicht sofort die Bedeutung der Ziffern bei mehrstelligen Zahlen erklären. Erst am Material (Systemblöcke) gelang ihr das. Das Problem der Stellenwertetafel zeigte sich auch am Hunderterfeld. So besteht die „48" aus 40 Zehnern und 8 Einern.

Das fehlende ordinale Verständnis hat sich auch bei den diagnostischen Aufgaben am Zahlenstrahl gezeigt. Janina orientierte sich nicht an markanten Punkten auf dem Zahlenstrahl und suchte die Lösungen, genau wie Sonja, durch Abzählen. Die Zahl in der Mitte auf dem Zahlenstrahl bis 20 ist die Zahl 15, „weil Frau XXX über der Tafel diesen Strich (sie meint den Zahlenstrahl) hängen hat und das ist immer die 15". Die richtige Lösung fand sie schließlich durch Abzählen und sie konnte begründen, dass die „10" die Hälfte von „20" ist. Die restlichen Zahlen konnte Janina dann aber, ohne zu zählen, ermitteln. Am Zahlenstrahl bis 100 scheiterte sie. Die Zahlen 0 und 100 fand sie ohne Probleme, doch dann vergaß sie, die 1er Schritte mit zu zählen. Der mittlere Strich ist die „18". Sie zählte von der „10" aus in 1er Schritten weiter. Dabei berücksichtigte sie aber nur die fettgedruckten Striche, so dass sie bei der Zahl 18 „landete". Durch meine Nachfragen („Was bedeutet dann dieser dünne, kleine Strich?") konnte sich Janina den Zahlenstrahl noch erarbeiten.

In der Erwartungs- Realitäts- Bilanz (siehe Anlage 3) fällt auf, dass der Bereich „Lagebeziehungen" nicht mit der Diagnose durch DÜMA übereinstimmt. Ich bin dennoch der Meinung, dass meine Vordiagnose zutrifft und Janina eine Rechts- Links-Problematik hat. Dies zeigt sich immer wieder in meinen Förderstunden, wenn ich gezielt Aufgaben zur Raum-Lage- Orientierung durchführe. Janina hat ihre rechte Schreibhand als Merkhilfe angegeben und konnte die diagnostischen Aufgaben lösen, aber meine Beobachtungen stehen im Widerspruch dazu. Janina war in dieser ersten Aufgabe des Diagnoseverfahrens ihren Voraussetzungen entsprechend sehr konzentriert. Dies könnte ein Grund für die korrekte Lösung sein.

Weitere Schwierigkeiten, die mit DÜMA bestätigt wurden, hat Janina größtenteils mit der Subtraktion. Aus der Anordnung von drei Zahlen in der Rechentafel (8, 1 und 7) konnte sie die vier verwandten Aufgaben nicht finden, und die Umkehraufgaben „entdeckt" sie nur durch Zufall. Janina hat, meiner Meinung nach, die Austauschbarkeit der Teile verstanden und wendet diese auch in ihren Rechnungen an. Sie kann dieses Wissen aber nicht auf diese diagnostische Aufgabe übertragen. So rechnet Jasmin mit den Fingern 7 – 8 = 1. Sie nimmt dazu sieben Finger weg, den 8. Finger zählt sie zur Hand als „1" dazu. So kommt sie auf dieses Ergebnis. Aufgrund ihres geringen räumlichen Vorstellungsvermögens kann sie sich Mengen und Operationen nicht vorstellen. So gelingt bei ihr das Kopfrechnen nicht und sie hat massive Probleme bei der Subtraktion.

In meiner Vordiagnose habe ich festgehalten, dass Janina schrittweise rechnet, das heißt bis zur „10" und dann weiter. Dies konnte ich mit DÜMA bei der simultanen Schnellerfassung am 20er Feld bestätigen. Sie erklärte mir, dass sie die Zahl 16 sofort erkennen kann, weil 10 + 6 =16. Eine von mir vermutete Wahrnehmungsstörung kann nun ausgeschlossen werden. Janina hat hinsichtlich der basalen Teilleistungsstörungen lediglich Probleme in ihrer Feinmotorik und der Raum-Lage- Orientierung.

Durch DÜMA lassen sich von mir nun auch bei Janina zusätzlich Aussagen zu ihren Lernvoraussetzungen im Bereich „Größen" und „Fachbegriffe" machen. Diese und weitere sind der Erwartungs- Realitäts- Bilanz in Anlage 3 zu entnehmen.

Mit Hilfe von DÜMA kann ich nun meine Aussagen zu den Lernvoraussetzungen von Janina bestätigen und erweitern. Ich konnte feststellen, dass Janina nicht vorrangig im basalen Bereich gefördert werden muss, sondern dass ihr ordinales Verständnis nun auch ein Schwerpunkt der Förderung sein wird.

Diagnose Sabine (8 Jahre/ Klassenstufe 2):

Sabines falsches Lesen und Schreiben von Zahlen führte bei ihr zu falschen Ergebnissen, obwohl ihr die Bedeutung der Ziffern (Zehner und Einer) bekannt ist. Ihre Inversionsfehler zeigten sich bereits, wie schon in der Vordiagnose beschrieben, im Klassen- und Förderunterricht. Durch die genaue Beobachtung mit Hilfe von DÜMA konnte ich nun diagnostizieren, dass Sabine bei fast jeder Zahl, die ihr akustisch vorgestellt wurde, überlegen musste welche Ziffer den Einer und welche den Zehner darstellt. Außerdem entspricht ihre Schreibweise der gesprochenen deutschen Sprache. Dieser hartnäckige Fehler durchzog sämtliche diagnostische Aufgabentypen der DÜMA. Ich denke, dass diese Problematik einerseits auf die missglückte Übersetzung zwischen geschriebener und gesprochener Zahlen zurückzuführen ist und andererseits eine Rechts-Links- Orientierungsschwäche vorliegt. Sabine hat eine Merkhilfe für die Lagebeziehungen, die sie aber in der diagnostischen Aufgabe nicht nutzen konnte. Die Aufgabe „Zeichne in das Feld rechts neben der Mitte ein Kreuz." am Neunerfeld auf der laminierten Arbeitskarte zeigt ihre Orientierungsschwäche, da sie das Kreuz links neben der Mitte setzte. Ein fehlendes Stellenwertverständnis schließe ich nicht ganz aus, da sie die Verbindung zwischen symbolischer und enaktiver Ebene zwar herstellen konnte aber ihr vielleicht unklar ist, dass ein Zehner tatsächlich aus 10 Einern besteht. Ohne Probleme übertrug sie aber die Zahlen 17 und 48 in die Stellenwertetafel.
Ihre ständigen „Zahlendreher" führten dazu, dass sie Probleme im richtigen Umgang mit den Systemstangen hatte. So legte sie am Hunderterfeld die Zahl 83 statt 38. Sabine sollte die Zahl 17 mit den Systemblöcken im 20er Feld darstellen. Dabei legte sie die 7 Einer auf die rechte Seite des Feldes. Dieser Fehler kann nicht auf das Anschauungsmaterial bezogen werden, da dies im Klassenunterricht schon oft eingesetzt wurde. Auch hatte sie große Probleme, die Strukturen der Hundertertafel zu nutzen, so dass ich diese Aufgabe abbrechen musste, weil ihre Konzentration an dieser Stelle stark nachließ. Die Zahl 37 trug sie falsch ein. Ein weiteres Kriterium meiner Evaluation besteht schließlich auch darin, dass ich das Ziel eines diagnostischen Gesprächs nicht aus den Augen verliere. Somit ließ ich diesen Fehler stehen und Sabine sollte nun die Zehnerzahlen eintragen. Durch diese Orientierungsmöglichkeit anhand der 10er Zahlen hatte sie ihren Fehler dann schließlich erkannt.
In meiner Vordiagnose habe ich vermerkt, dass bei dieser Schülerin die ordinale Zahlverwendung noch gesichert werden muss. Nach der Diagnose mit DÜMA kann ich diese Aussage so stehen lassen. Sabine kann zwar sicher im Zahlenraum bis 100 vorwärts, rückwärts und in Schritten zählen, aber Fachbegriffe wie „Vorgänger", „Nachfolger", „Summe", „Unterschied" und „ist um...größer" gehören nicht zu ihren

Verständnisgrundlagen. Auch am Zahlenstrahl bis 100 ist sie noch nicht sicher, da sie genau wie Janina und Sonja sich nicht an markanten Punkten orientieren kann und die Lösung nur durch Abzählen findet. Auch verwechselte sie die 5er Schritte mit den Zehnerzahlen.

Mit DÜMA hat sich auch meine Lernstandserfassung bezüglich des Bereichs „Intermodalität" bestätigt. Sabine konnte sich nicht vom Konkreten lösen. Ihr fiel es sogar schwer, eine gehörte Zahl im Gedächtnis zu behalten. So muss sie sich im „Zahlendiktat" die Zahl 23 notieren, um den Vorgänger bestimmen zu können. Für Sabine ist es aufgrund dieser Gedächtnisprobleme schwer, mentale Bilder von Zahlen zu bilden. Ihr Ikonisierungsmodell der Zahl 48 zeigt Stifte, die diese Anzahl darstellen soll. Sie erklärte mir, dass sie zu Hause auch so mit den Stiften rechnet. Dieses Modell ist als mentales Bild denkbar ungeeignet, da der Unterschied zwischen Zehnern und Einern nicht erkenntlich ist.

Bemerkenswert war, dass Sabine in der Rechentafel ohne Probleme die vier verwandten Aufgaben finden konnte. Sie begründete ihre Rechnungen mit der Aussage: „Das ist doch die Tauschaufgabe dazu. Man kann das bei Plus umdrehen. Das mit Minus ist die Umkehraufgabe, weil man ja von 8 das auch wieder wegnehmen kann."

Weitere diagnostizierte Verständnisgrundlagen und -probleme sind auch hier der Erwartungs- Realitäts- Bilanz, in Anlage 4 zu entnehmen.

Um dem Kriterium *„Dabei verliert die Lehrkraft das Ziel eines diagnostischen Gesprächs bei der Durchführung mit einem informellen Diagnoseverfahren nicht aus den Augen."* gerecht zu werden, habe ich mein diagnostisches Vorgehen hinsichtlich der Grundregeln eines diagnostischen Gesprächs nach Selter & Spiegel (1997)[95] genau beobachtet. Diese Selbstbeobachtung sollte zum Standardrepertoire einer Lehrkraft gehören. Um letztendlich eine Verbesserung der Diagnosefähigkeit bei Rechenschwäche zu erreichen, bedarf es schließlich vielfältiger diagnostischer Kompetenzen, die mit DÜMA erweitert werden können.

7. AUSBLICK

Die Diagnoseaufgaben führten bei allen drei Schülerinnen zu einem Profil, das nun als Grundlage eines individuellen Förderplans dient (siehe Anlagen 5 bis 7).

Der sich anschließende Förderunterricht erfolgt auf der Grundlage dieser Förderpläne in einer Kleinstgruppe, parallel zu anderem Unterricht, damit die Arbeitsbelastung der Kinder nicht über das im Stundenplan vorhergesehene Maß hinausgeht.

Nach Lorenz[96] sollte Förderung bei rechenschwachen Kindern idealitär nur als Einzelförderung stattfinden. Um dies im Schulalltag realisieren zu können, muss die

[95] Vgl.: In: Kaufmann, Wessolowski 2006, S. 27.
[96] Vgl.: Lorenz, 2005, S. 90.

Unterrichtsform in den Förderstunden demnach offen sein und das Arbeiten an unterschiedlichen Problemen zulassen. Der Unterricht darf sich auch keinesfalls darauf beschränken, dass die Sachverhalte noch mal auf genau die gleiche Weise erklärt und wiederholt geübt werden. In offenen Lernphasen kann sich der Lehrer/ die Lehrerin dem Kind vermehrt zuwenden. Dabei ist eine prozessbegleitende Diagnose notwendig, um Förderziele immer wieder anzupassen.

Der *Übungsteil* des *Basiskurses Mathematik* von Peter Jansen ermöglicht dieses spezifische Eingehen auf die individuelle Lernausgangslage und wird in den Förderstunden von mir eingesetzt. Da diese drei Schülerinnen massive Verständnisprobleme mit den Grundlagen der Mathematik haben, ist es sinnvoll bei jedem Kind dort anzusetzen, wo Verständnisschwierigkeiten beginnen.

8. FAZIT

Die gestellten Aufgaben der DÜMA haben mir in allen drei Fällen geholfen, die Stärken und Schwächen der Schülerinnen zu erkennen und hieraus einen individuellen Förderplan zu entwickeln. Aufgrund der vielfältigen Ursachen und Symptome der Rechenschwäche ist eine umfangreiche Diagnostik notwendig! Im Zuge dieser Arbeit wurde mir klar, dass ein einzelner standardisierter Test nach meinen Erfahrungen noch keine hinreichenden Aussagen über die Lernvoraussetzungen eines Probanden/ einer Probandin treffen kann, denn die Diagnose in Verbindung mit eigenen Beobachtungen macht eine Lernstandsbestimmung erst „komplett“. Die spannenden Fragen dabei sind, wie und warum der Schüler/die Schülerin zu dieser Lösung kommt und wie ich dabei helfen kann, Schwierigkeiten beim Rechnen zu überwinden.

Kernpunkt dieses Konzeptes ist, dass unser Bildungssystem eine Ergänzung seiner Beurteilungsverfahren durch objektive Methoden braucht und Lehrerinnen und Lehrer sensibilisiert werden müssen hinsichtlich ihrer diagnostischen Kompetenz. Es wäre wünschenswert, dass Rechenschwäche nicht bloß als „unzureichende Begabung“ im mathematischen Lernbereich abgetan würde. Möglichst früh muss auf mögliche Symptome eingegangen werden, um eine gezielte Förderung möglich zu machen. Aus dieser Auffassung heraus kann pädagogische Diagnostik natürlich nicht nur auf standardisierte Tests reduziert werden! Ohne einen vernünftigen und informierten Testeinsatz ist letztendlich keine wesentliche Verbesserung unserer Beurteilungspraxis zu erreichen!

9. LITERATURVERZEICHNIS

- **Baum, Monika; Wielpütz, Hans (Hrsg.):** Mathematik in der Grundschule. Ein Arbeitsbuch, Kallmeyersche Verlagsbuchhandlung, Seelze 2003.
- **Biermann, Christine; Schipper, Wilhelm (Hrsg.):** Werkstattheft Nr. 29. „Ich erklär' dir, wie ich rechne"- Prävention von Rechenstörungen, Bielefeld 2003; www.uni-bielefeld.de/idm/serv/werkstattheft29.pdf (Stand: 10.05.09, Quelle befindet sich auf CD).
- **Born, Armin; Oehler, Claudia:** Kinder mit Rechenschwäche erfolgreich fördern. Ein Praxishandbuch für Eltern, Lehrer und Therapeuten, Kohlhammer Verlag, Stuttgart 2008.
- **Fritz, Annemarie; Ricken, Gabi; Schmidt, Siegbert (Hrsg.):** Rechenschwäche. Lernwege, Schwierigkeiten und Hilfen bei Dyskalkulie, Beltz Verlag, Weinheim 2003.
- **Gaidoschik, Michael:** Rechenschwäche- Dyskalkulie. Eine unterrichtspraktische Einführung für LehrerInnen und Eltern, Persen Verlag, Horneburg 2006.
- **Ganser, Dr. Bernd:** Rechenstörungen. Hilfen für Kinder mit besonderen Schwierigkeiten beim Erlernen der Mathematik, Auer Verlag, Donauwörth 2007.
- **Graf, Ulrike; Moser Opitz, Elisabeth (Hrsg.):** Diagnostik und Förderung im Elementarbereich und Grundschulunterricht, Schneider Verlag, Hohengehren 2007.
- **Jansen, Peter:** Basiskurs Mathematik. Ein Lehrgang zur Vermeidung und Überwindung der Rechenschwäche. Lehrerhinweise, Dieck- Verlag, Heinsberg 2004.
- **Jansen, Peter:** Basiskurs Mathematik. Aktionsforschung zur Prävention und Überwindung der Rechenschwäche, Dieck- Verlag, Heinsberg 2005.
- **Jansen, Peter:** DÜMA. Diagnose und Übung der mathematischen Verständnisgrundlagen, Dieck- Verlag, Heinsberg 2007.
- **Kaufmann, Sabine; Wessolowski, Silvia:** Rechenstörungen. Diagnose und Förderbausteine, Kallmeyer Verlag in Verbindung mit Klett, Seelze 2006.
- **König, Joachim:** Einführung in die Selbstevaluation. Ein Leitfaden zur Bewertung der Praxis Sozialer Arbeit, Lambertus- Verlag, Freiburg im Breisgau 2000.
- **Lorenz, Jens Holger:** Lernschwache Rechner fördern, Cornelsen Scriptor, Berlin 2005.
- **Lorenz, Jens Holger; Radatz, Hendrik:** Handbuch des Förderns im Mathematikunterricht, Schroedel Schulbuchverlag, Hannover 1993.
- **Moser Opitz, Elisabeth:** Rechenschwäche/ Dyskalkulie. Theoretische Klärungen und empirische Studien an betroffenen Schülerinnen und Schülern, Haupt Verlag, Bern 2007.

- **Raamacher-Faasen, Nicole:** Rechenschwierigkeiten- und nun? Ein Praxis-Leitfaden für Lehrer und Therapeuten, Dieck- Verlag, Heinsberg 1999.
- **Richtlinien und Lehrpläne für die Grundschule in NRW:** Mathematik, Ritterbach Verlag Düsseldorf 2008.
- **Scherer, Petra:** Produktives Lernen für Kinder mit Lernschwächen. Fördern durch Fordern. Band 1: Zwanzigerraum, Ernst Klett Grundschulverlag, Leipzig 2000.
- **Schipper, Wilhelm:** Schulische Prävention und Intervention bei Rechenstörungen. In: Schwierigkeiten beim Rechtschreiben, Lesen oder Rechnen, Hessisches Kultusministerium, Wiesbaden 2006.
- **Schipper, Wilhelm:** SINUS- Transfer Grundschule. Mathematik. Modul G 4. Lernschwierigkeiten erkennen- verständnisvolles Lernen fördern, Kiel: IPN 2005; www.sinus-grundschule.de (Stand: 10.05.09, Quelle befindet sich auf CD).
- **Schwarz, Margret:** Rechenschwäche? Wie Eltern helfen können, Urania-Ravensburger, Berlin 2001.
- **Sundermann, Beate; Selter, Christoph:** Beurteilen und Fördern im Mathematikunterricht, Cornelsen Verlag Scriptor, Berlin 2006.
- **Wendeler, Jürgen:** Förderdiagnostik für Grund- und Sonderschulen. Praxisorientierte Entwicklung von Lernzieltests, Beltz Verlag, Weinheim und Basel 2000.

10. ANHANG

- Anlage 1: DÜMA Protokollbogen
- Anlage 2: Erwartungs- Realitäts- Bilanz/ Sonja
- Anlage 3: Erwartungs- Realitäts- Bilanz/ Janina
- Anlage 4: Erwartungs- Realitäts- Bilanz/ Sabine
- Anlage 5: Förderplan in Tabellenform- Sonja (2. Hj. 2009)
- Anlage 6: Förderplan in Tabellenform- Janina (2. Hj. 2009)
- Anlage 7: Förderplan in Tabellenform- Sabine (2. Hj. 2009)

Anlage 1
DÜMA – Protokollbogen

Name:____________ **Datum:**________ **Alter:**____________ **Klasse:**________	
Selbsteinschätzung:	
kann ich gut	
kann ich nicht gut	
Hausaufgaben	
Nutzen der Mathematik	
Lagebeziehung am 9er Feld:	
Mitte	
unten links	
rechts neben der Mitte	
Merkhilfe **R** Ja **R** Nein	

Zahlendiktat:	
Was bedeuten die Ziffern?	
Stifthaltung	
Schreibweise **R** leserlich **R** bewegungsökonomisch **R** seitenrichtig	
Fachbegriffe:	
Summe	
Vorgänger	
minus	
abziehen	
größer als	
Zehner und Einer	

Anlage 2: **Erwartungs- Realitäts- Bilanz/** *Sonja*

	Erwartung **Vordiagnose**	Realität **Diagnose mit DÜMA**
Primäre Erscheinungsformen von Rechenschwäche		
Zahlstruktur		
Zählen		▪ vorwärts Zählen, 2er Schritte und 5er Schritte ohne Probleme ▪ rückwärts Zählen ist kein synchrones Zählen
Zahl schreiben	▪ verdreht nur gelegentlich Z und E	▪ Zehnerziffer wird vor der Einerziffer geschrieben, formklar, seitenrichtig ▪ Ziffer 1 und 5 nicht bewegungsökonomisch
Stellenwerte	▪ Struktur des Hunderterfeldes bekannt ▪ Stellenwertverständnis muss noch weiter gefestigt werden, da Rechnung nur konkret mit Materialhandlung möglich ist	▪ Stellenwertverständnis noch nicht gefestigt, 17 besteht aus 10 Z und 7 E ▪ Struktur des Hunderterfeldes nicht verinnerlicht
simultane Erfassung	▪ simultane Erfassung gelegter Anzahlen bis 100 ohne Probleme, nutzt Struktur der 5 ▪ verdecktes Zählen gelingt ihr nicht	▪ Unterscheidung der 4 und 5 gelingt nicht! ▪ ab Anzahl 8 schwierig, Menge strukturiert zu erfassen ▪ kein Vorstellungsbild der Menge bei verdeckten Anzahlen, da zählende „umständliche" Strategie (4+ _ = 10: zählt von der „10" an rückwärts)
Zahlenstrahl	▪ ordinales Zahlverständnis vorhanden ▪ sortiert Zahlen der Größe nach	▪ Markieren der „0" und „20" ohne Probleme ▪ den mittleren Strich („15") markiert sie erst als „12", sucht Lösung durch Abzählen, orientiert sich nicht an markanten Punkten (auch auf dem Zahlenstrahl bis 100) ▪ auf leerem Zahlenstrahl sind die Abstände realistisch
operatives Verständnis		
Intermodalität	▪ klammert sich an Materialhandlung und nutzt keine bekannten Strukturen (z.B. „Magische 5")	▪ keine eigene Ikonisierungsmöglichkeit vorhanden ▪ Bedeutung der Ziffer in Verbindung mit enaktiver Darstellung ohne Probleme, verwendet zur Darstellung auch 5er Stange
Addition/ Subtraktion	▪ geschickter Zähler (zählt bei Addition vom größeren Summanden weiter, sie kennt die Austauschbarkeit der Summanden) ▪ zählendes Rechnen auch im ZR bis 20 ▪ Zerlegung der 10 noch nicht automatisiert ▪ Subtraktion unbeliebt, rechnet mit Trick (Z+Z und	▪ Verdoppelungsaufgaben automatisiert ▪ rechnet zählend mit den Fingern, insbesondere bei der Subtraktion ▪ Zerlegung der 10 am 20er Punktefeld ohne Probleme ▪ fehlendes Operationsverständnis bei der Subtraktion: aus der Anordnung von drei Zahlen (1,8 und 7) findet sie die Aufgabe 1- 8= 7 → sieht inverse Beziehung zw. Add. u. Subtr. nicht

	dann E+E → Probleme beim Zehnerübergang) ▪ fehlendes Operationsverständnis ▪ nutzt keine Analogien für ihre Rechnung	▪ kann bei der Subtraktion nicht das Ganze und die Teile identifizieren ▪ erkennt bei Ergänzungsaufgaben Teil und Ganzes ▪ sie kennt Austauschbarkeit der Teile (Kommutativgesetz: 7 +1= 1+7)
Fachbegriffe		
Fachbegriffe		▪ kein Verständnis der Begriffe „Summe“, „Vorgänger“, „Nachfolger“ und „Unterschied“
räumliche Orientierung		
Lagebeziehungen	▪ keine Schwierigkeiten vorhanden	▪ ohne Probleme Merkhilfe: rechte Hand ist Schreibhand
Größen		
Größen		▪ Messen: verwechselt Größenangabe cm mit m, interpretiert Skala falsch ▪ Uhr: verwechselt Stunden- mit Minutenzeiger, findet die Uhrzeiten nur „von 12 Uhr“ zählend ▪ Preise: Bezugsgrößen vorhanden, kann mit Rechengeld bezahlen, Probleme bei Rückgeld und Preisvergleich, da kein Verständnis der Umrechnung von Euro in Cent
Sekundäre Erscheinungsformen von Rechenschwäche		
	▪ leicht ablenkbar ▪ geringe Konzentrationsspanne	▪ unkonzentriert, fragt wiederholt nach den Arbeitsaufträgen

Anlage 3: **Erwartungs- Realitäts- Bilanz/** *Janina*

	Erwartung **Vordiagnose**	Realität **Diagnose mit DÜMA**
Primäre Erscheinungsformen von Rechenschwäche		
	Zahlstruktur	
Zählen	▪ zählt sicher im ZR bis 100	▪ vorwärts und rückwärts zählen im ZR bis 20, 5er Schritte im ZR bis 100 ohne Probleme ▪ 2er Schritte: sie zählt „20,22,25,27,29,30“ ▪ zählen in Schritten im 100er Raum bereitet ihr Probleme: z.B. „53,50,47,40“
Zahl schreiben	▪ Anfang der 2. Klasse: Zahl 9 oft spiegelverkehrt und nicht immer bewegungsrichtig, schlechtes Schriftbild, Zahlen nicht in Kästchen	▪ Zehnerziffer wird vor der Einerziffer geschrieben, seitenrichtig, Ziffer 4 oft nicht formklar, Ziffer 5 und 9 nicht bewegungsökonomisch ▪ verkrampfte Stifthaltung
Stellenwerte	▪ Unsicherheiten bei den Stellenwerten (gelegentliches Vertauschen der Z und E)	▪ Stellenwertetafel noch etwas unsicher, vertauscht Z mit E (auch bei Zahlendiktat) ▪ kann Bedeutung der Ziffer erst am Material erklären (sehr zögernd, da Vertausch von Z und E) ▪ Struktur des Hunderterfelds nicht verinnerlicht
simultane Erfassung	▪ strukturierte Schnellerfassung am Zwanziger- und Hunderterfeld ohne Probleme ▪ sie kann mit Mengenstrukturen umgehen ▪ Zerlegung der 10 hat sie automatisiert	▪ Schnellerfassung: bis 20 ohne zu zählen, nutzt Struktur Z+E an 20er Feld ▪ kein Vorstellungsbild der Menge bei verdeckten Anzahlen, sie zählt (mit ihren Fingern) vorwärts bis zur benötigten Anzahl 10 ▪ Zerlegungen am 20er Punktefeld: sie vertauscht die Zerlegungen (0+5 aber 5+0)
Zahlenstrahl	▪ kann Position einer Zahl auf dem Zahlenstrahl bestimmen ▪ ordinales Zahlverständnis vorhanden	▪ Markierung der „0“ und „20“ ohne Probleme ▪ „15“ markiert sie erst als „10“, sucht Lösung durch Abzählen, orientiert sich nicht an markanten Punkten (auch auf dem Zahlenstrahl bis 100) ▪ auf leerem Zahlenstrahl muss sie Zahlen erst in Reihenfolge aufschreiben, um einsortieren zu können, Abstände sind realistisch
	operatives Verständnis	
Intermodalität	▪ Übertragungen von Handlungen auf die symbolische Ebene gelingen ihr (umgekehrt nicht!) ▪ bildet keine Vorstellungsbilder der Rechnungen	▪ keine eigene Ikonisierungsmöglichkeit vorhanden ▪ stellt sich Zahl wahrscheinlich ausschließlich symbolisch vor
Addition/ Subtraktion	▪ das *Kleine Eins-Plus-Eins* ist noch nicht automatisiert ▪ sie rechnet immer wieder zählend und benutzt dabei	▪ Verdoppelungsaufgaben automatisiert ▪ zählendes Rechnen

	die Strategie des Weiterzählens (häufig Zählfehler bei Minus) ▪ zählt bei der Addition vom größeren Summand weiter, kennt Austauschbarkeit der Teile ▪ benötigt sehr lang, um Aufgaben des Typs ZE ± ZE zu berechnen ▪ sie rechnet schrittweise („Bis zur 10 und dann weiter“) ▪ Analogien werden von ihr nicht genutzt	▪ kann bei der Subtraktion nicht das Ganze und die Teile identifizieren ▪ erkennt auch bei Ergänzungsaufgaben Teil und Ganzes ▪ Prinzip der inversen Beziehung zwischen Addition und Subtraktion erkennt sie nicht ▪ sie nutzt Austauschbarkeit der Teile nicht (Kommutativgesetz), rechnet mit Teil und Ganzem willkürlich, 7-8=1 berechnet sie mit den Fingern
Fachbegriffe		
Fachbegriffe		▪ Verständnis der Begriffe „Summe“, „Vorgänger“ und „Nachfolger“, „abziehen“ und „minus“ vorhanden ▪ Begriff: „...ist um... größer.“ bereitet ihr Probleme ▪ Unterschied: kein Begriffsverständnis, sie kann die Zahlen nicht als Menge darstellen- weiß nicht was nach dieser Aufforderung gemeint ist, erkennt Unterschied dann aber durch Hinschauen
räumliche Orientierung		
Lagebeziehungen	▪ Unsicherheiten sind oft zu beobachten ▪ geringe räumliche Orientierungsfähigkeit	▪ ohne Probleme, Merkhilfe: rechte Hand ist Schreibhand
Größen		
Größen	▪ Handhabung mit dem Lineal fällt ihr schwer	▪ Messen: kennt Größenangabe cm nicht, kann Skala nicht interpretieren, legt das Lineal bei der 1 an, Lineal verrutscht und wird nur an einem Punkt angelegt ▪ Uhr: kennt Stunden- und Minutenzeiger, findet die Uhrzeiten auch durch weiterzählen, kennt die Doppelbesetzung, halbe Stunden kann sie noch nicht, Bezugsgrößen vorhanden ▪ Preise: keine Bezugsgrößen vorhanden („1,40 € = 41 €“), willkürlicher Umgang mit Cent, kann nicht mit Rechengeld bezahlen, erkennt auch keinen Nutzen der Mathematik
Sekundäre Erscheinungsformen von Rechenschwäche		
	▪ Orientierungsprobleme auf dem Blatt (Wahrnehmungsstörung?) ▪ Probleme in der Feinmotorik ▪ Lustlosigkeit	▪ Unsicherheit, wischt oft Geschriebenes wieder weg, arbeitet sehr unsauber ▪ hohe Ablenkbarkeit (Uhr im Raum, summende Biene) ▪ geringe Konzentrationsspanne, wirkt träumerisch ▪ Probleme in der Feinmotorik (schlechtes Schriftbild)

Anlage 4: **Erwartungs- Realitäts- Bilanz**/ *Sabine*

	Erwartung **Vordiagnose**	Realität **Diagnose mit DÜMA**
Primäre Erscheinungsformen von Rechenschwäche		
	Zahlstruktur	
Zählen	▪ zählt sicher im ZR bis 20 vorwärts und rückwärts ▪ 10er Schritte: ohne Probleme bei glatten Zehnern aber „37,40,50“	▪ ohne Probleme (Zählen in Schritten: sie erkennt die Bildungsregeln in den Zahlenfolgen, zählt richtig 53, 50, 47, „43“ aber schreibt „41“ in die Arbeitskarte)
Zahl schreiben	▪ vertauscht sehr oft Z und E, möglicherweise aufgrund ihrer Linkshändigkeit (orientiert sich primär von rechts nach links)	▪ Zehnerziffer wird nicht vor der Einerziffer geschrieben ▪ seitenrichtig, formklar, sehr ordentlich und leserlich ▪ Ziffer 1 und 9 nicht bewegungsrichtig
Stellenwerte	▪ geht willkürlich mit den Stellenwerten um, das liegt an der wiederholten Vertauschung von Z und E	▪ in Stellenwertetafel unsicher, vertauscht Z mit E ▪ nutzt nicht die 5er Stange bei der Darstellung einer Zahl, zählt E einzeln ab ▪ legt die E von rechts in die Stellenwertetafel (Problematik: Linkshänderin) ▪ kann Bedeutung der Ziffer auch ohne Material erklären (aber sehr zögernd, da Vertausch von Z und E) ▪ Struktur des Hunderterfelds nicht verinnerlicht
simultane Erfassung	▪ Zerlegung der 10 noch nicht automatisiert ▪ simultane Anzahlerfassung bis 5 ohne Probleme	▪ ab „10“ kann sie Anzahl nur zählend ermitteln (zählt von der „10“ weiter) ▪ kein Vorstellungsbild der Menge bei verdeckten Anzahlen, sie muss länger überlegen, nutzt aber die Ergänzungsaufgabe zur 10 ▪ Zerlegungen: bis 5 ohne Probleme, Zerlegung der 10 nicht automatisiert (Antwort: zum Beispiel „3+6“)
Zahlenstrahl	▪ Größenbeziehungen auf leerem Zahlenstrahl stimmen nicht	▪ Zahlenstrahl bis 20: ohne Probleme ▪ leerer Zahlenstrahl: Abstände realistisch, ohne Probleme ▪ Zahlenstrahl bis 100: markante Punkte findet sie hier nur durch Abzählen, verwechselt die Zehnerschritte mit den Fünferschritten
	operatives Verständnis	
Intermodalität	▪ kann sich nicht vom Konkreten lösen	▪ eigenes Ikonisierungsmodell vorhanden (zu Hause benutzt sie Stifte- aber damit keine Unterscheidung zwischen Z und E) ▪ kann Materialhandlung auf symbolische Ebene übertragen (dennoch sehr unsicher, da ständige Verwechslung von Z und E)
Addition/ Subtraktion	▪ löst arithmetische Aufgaben meist zählend ▪ das *Kleine Eins- Plus- Eins* ist noch nicht	▪ Verdoppelungsaufgaben nicht automatisiert, sie zählt mühsam in 2er Schritten die Verdoppelung ab ($6= 2 \cdot 3$, $8= 2 \cdot 4$, $12= 2 \cdot 6$); bildet

	automatisiert ▪ vertauscht ab und zu Addition und Subtraktion ▪ kein geschickter Zähler: nutzt Strategie des Weiterzählens aber nicht die Kommutativität, um den Zählvorgang abzukürzen ▪ Vorstellungsfähigkeit für Rechenoperationen unzureichend vorhanden ▪ Analogien treten für sie nicht hervor, Zahlen weisen für sie keine Beziehung zueinander auf	Malaufgaben der 2er Reihe, da sie diese bereits automatisiert hat ▪ zählendes Rechnen mit den Fingern (Strategie: Weiterzählen) ▪ kann bei der Subtraktion nicht das Ganze und die Teile identifizieren ▪ stellt sich Rechnung nicht als zeitlich sukzessiven Vorgang vor, erkennt auch bei Ergänzungsaufgaben Teil und Ganzes (5= _+3) ▪ kann aus der Anordnung der drei Zahlen 3, 5 und 8 in der Rechentafel sofort Umkehraufgabe und Tauschaufgabe finden
Fachbegriffe		
Fachbegriffe	▪ zu Beginn der 2. Klasse Probleme im Bestimmen des Vorgängers und Nachfolgers (die Begriffe Nachbarzehner und Nachbarzahl verwechselt sie häufig)	▪ kein Verständnis des Begriffs „Summe“, „90 kommt nach der 100“- Begriff „Vorgänger“ und „Nachfolger“ noch nicht eindeutig für sie ▪ Begriff: „...ist um... größer.“ bereitet ihr Probleme ▪ Unterschied: kein Begriffsverständnis; Unterschied wird nicht quantifiziert, da sie nicht weiß worauf Fragestellung abzielt
räumliche Orientierung		
Lagebeziehungen	▪ geringe räumliche Vorstellungsfähigkeit (Probleme beim Nachspannen von Figuren auf dem Geobrett)	▪ muss länger überlegen, Rechts- Links- Problematik vorhanden („rechts neben Mitte“- sie zeichnet links das Kreuz ein) ▪ Merkhilfe: rechte Hand wurde einmal rot markiert, linke Hand lila - ungünstige Merkhilfe, da Farben nicht mehr auf der Hand sind
Größen		
Größen		▪ Messen: verwechselt Größenangabe cm mit km, kann Skala nicht interpretieren, legt das Lineal bei „1“ an ▪ Uhr: Bezugsgrößen sind kaum vorhanden, kennt Minuten- und Stundenzeiger, findet volle Stunden durch Abzählen- nicht durch Weiterzählen ▪ Preise: Bezugsgrößen vorhanden, kann mit Rechengeld bezahlen, Prinzip des Rückgeldes nicht bekannt (Problem der Umrechnung von Euro in Cent), Preisvergleiche nicht möglich
Sekundäre Erscheinungsformen von Rechenschwäche		
	▪ Clownerien ▪ psychische Probleme: flüchtet sich in eine Traumwelt, hat bereits ein Hass auf Zahlen entwickelt	▪ schlechtes Zahlgedächtnis, Unsicherheit, ständiges Nachfragen der Arbeitsanweisung ▪ lautes Kommentieren ihrer Gedanken, da schlechte Merkfähigkeit

Anlage 5: Förderplan in Tabellenform- Sonja (2. Hj. 2009)

Förderziel	Fördermaßnahme	Förderung durch:
1. Förderabschnitt: ordinale Zahlverwendung		
Ziffer bewegungsökonomisch schreiben	Zahlen nachspuren, Zahlendiktate beim Zehnminutenrechnen	konsequente Beobachtung durch den Lehrer, auch Nachhilfe durch Eltern möglich
synchrones vw und rw Zählen	mündlich beim Zehnminutenrechnen	Eltern, Lehrer
Orientierung auf dem Zahlenstrahl bis 20/100 sichern	Übungen zur Verortung der Zahlen auf dem Zahlenstrahl	Lehrer
Fachbegriffe kennen	Benennen von Vorgänger und Nachfolger (auch am Zahlenstrahl)	Lehrer
2. Förderabschnitt: kardinale Zahlverwendung		
Schnellerfassung nutzen (Mengenbeurteilung)	Schnellerfassung bis 5 üben, Anzahl kurz zeigen oder abdecken, Anzahlen schätzen (im situativen Kontext)	Lehrer
Vom Handeln zum Vorstellungshandeln	Nutzung eines Ikonisierungsmodells	Lehrer, Eltern
Kraft der 5 und Kraft der 10 nutzen	Mengen darstellen und in der Vorstellung verändern	Lehrer
Zerlegung der Zahlen bis 10 sichern	1. Zerlegungen mit der Bleistiftspitze, Schüttelboxen, Zerlegungshäuser 2. Wie viele sind versteckt? 3. symbolisch	Lehrer, Schüler (Partnerarbeit in den Förderstunden), Eltern
Entwicklung des Größenverständnisses (Längen)	Schätzaufgaben	Lehrer, Eltern im Alltagskontext
Zehnerstruktur des Stellenwertsystems erkennen	intermodale Wechsel auch mit Stellenwertetafel üben	Lehrer
Nutzen des Teil-Ganzes-Schemas	Teilen und Zusammenfügen mit Systemblöcken auf der Rechentafel, Subtraktionsaufgaben auf die Rechentafel übertragen	Lehrer
3. Förderabschnitt: relationale Zahlverwendung		
Unterschiedsbegriff	Mengen vergleichen, Unterschied einkreisen, Unterschied quantifizieren	Lehrer

Anlage 6: Förderplan in Tabellenform- Janina (2. Hj. 2009)

Förderziel	Fördermaßnahme	Förderung durch:
1. Förderabschnitt: ordinale Zahlverwendung		
Ziffer bewegungsökonomisch schreiben	Zahlen nachspuren, Zahlendiktate beim Zehnminutenrechnen	konsequente Beobachtung durch den Lehrer, auch Nachhilfe durch Eltern möglich
Lagebeziehungen: rechts, links, oben, unten, neben festigen	Polygonzüge nachzeichnen, Übungen am 9er Feld im Zehnminutenrechnen	Lehrer, Eltern
Orientierung auf dem Zahlenstrahl bis 20/100 sichern	Übungen zur Verortung der Zahlen auf dem Zahlenstrahl	Lehrer
2. Förderabschnitt: kardinale Zahlverwendung		
Schnellerfassung nutzen	verdeckte Anzahlen bestimmen	Lehrer, Eltern
Entwicklung des Größenverständnisses (Längen)	Schätzaufgaben	Lehrer, Eltern im Alltagskontext
Vom Handeln zum Vorstellungshandeln	Nutzung eines Ikonisierungsmodells	Lehrer, Eltern
Zehnerstruktur des Stellenwertsystems erkennen	intermodale Wechsel auch mit Stellenwertetafel üben	Lehrer
Nutzen des Teil-Ganzes-Schemas	Teilen und Zusammenfügen mit Systemblöcken auf der Rechentafel, Subtraktionsaufgaben auf die Rechentafel übertragen	Lehrer
3. Förderabschnitt: relationale Zahlverwendung		
Zählen in Schritten Folgen wie 20, 22, 24,? od. 53, 50, 47,?	mündlich Zehnminutenrechnen	Lehrer, Eltern
Unterschiedsbegriff Begriff: um...größer als	Mengen vergleichen, Unterschied einkreisen, Unterschied quantifizieren	Lehrer

Anlage 7: Förderplan in Tabellenform- Sabine (2. Hj. 2009)

Förderziel	Fördermaßnahme	Förderung durch:
1. Förderabschnitt: ordinale Zahlverwendung		
Zehnerziffer vor der Einerziffer schreiben	Zahlendiktat beim Zehnminutenrechnen	konsequente Beobachtung durch den Lehrer, auch Nachhilfe durch Eltern möglich
Orientierung auf dem Zahlenstrahl bis 100 sichern	Übungen zur Verortung der Zahlen auf dem Zahlenstrahl	Lehrer
Lagebeziehungen: rechts, links, oben, unten, neben festigen	Polygonzüge nachzeichnen, Übungen am 9er Feld im Zehnminutenrechnen, Merkhilfe: lila linkes Armband	Lehrer, Eltern
Entwicklung des Größenverständnisses (Uhr)	Uhrzeiten mit bestimmten Zeitpunkten (Bezugsgrößen) verbinden	Lehrer, Eltern im Alltagskontext
Fachbegriffe kennen	Benennen von Vorgänger und Nachfolger (auch am Zahlenstrahl), Summe bestimmen	Lehrer
2. Förderabschnitt: kardinale Zahlverwendung		
Schnellerfassung nutzen	verdeckte Anzahlen bestimmen	Lehrer, Eltern
Entwicklung des Größenverständnisses (Längen)	Schätzaufgaben	Lehrer, Eltern im Alltagskontext
Vom Handeln zum Vorstellungshandeln	Nutzung eines Ikonisierungsmodells	Lehrer, Eltern
Zehnerstruktur des Stellenwertsystems erkennen	intermodale Wechsel auch mit Stellenwertetafel üben	Lehrer
Nutzen des Teil-Ganzes-Schemas	Teilen und Zusammenfügen mit Systemblöcken auf der Rechentafel, Subtraktionsaufgaben auf die Rechentafel übertragen	Lehrer
Kraft der 5 und Kraft der 10 nutzen	Mengen darstellen und in der Vorstellung verändern	Lehrer
Zerlegung der Zahlen bis 10 sichern	1. Zerlegungen mit der Bleistiftspitze, Schüttelboxen, Zerlegungshäuser 2. Wie viele sind versteckt? 3. symbolisch	Lehrer, Schüler (Partnerarbeit in den Förderstunden), Eltern
3. Förderabschnitt: relationale Zahlverwendung		
Unterschiedsbegriff Begriff: um...größer als	Mengen vergleichen, Unterschied einkreisen, Unterschied quantifizieren	Lehrer